H. L. Hartmann (Hrsg.)

Nachrichtensysteme —
Dienstintegration in künftigen Kommunikationsnetzen

Nachrichtensysteme — Dienstintegration in künftigen Kommunikationsnetzen

Vorträge des Nachrichtentechnischen Kolloquiums 1981
der Technischen Universität Braunschweig

Herausgegeben von

Prof. Dr.-Ing. Harro Lothar Hartmann
Institut für Nachrichtensysteme der Technischen Universität
Braunschweig

mit Beiträgen von

Dipl.-Ing. Peter R. Gerke,
Dipl.-Ing. Jürgen Kanzow,
Dr.-Ing. Albert Kündig,
Dipl.-Ing. Hermann Ruckdeschel,
Dr.-Ing. Manfred Langenbach-Belz,
Prof. Dr.-Ing. Paul J. Kühn,
Dr.-Ing. Clemens Baack und
Ing.-grad. Günther Heydt

 B. G. Teubner Stuttgart 1982

CIP-Kurztitelaufnahme der Deutschen Bibliothek

Nachrichtensysteme - Dienstintegration in
künftigen Kommunikationsnetzen : Vorträge d.
Nachrichtentechn. Kolloquiums 1981 d. Techn.
Univ. Braunschweig / hrsg. von Harro Lothar
Hartmann. Mit Beitr. von Peter R. Gerke ... -
Stuttgart : Teubner, 1982.
   ISBN 978-3-519-06115-1   ISBN 978-3-322-92764-4 (eBook)
   DOI 10.1007/978-3-322-92764-4
NE: Hartmann, Harro Lothar (Hrsg.); Gerke,
Peter R. (Mitverf.); Nachrichtentechnisches
Kolloquium (1981, Braunschweig); Technische
Universität (Braunschweig)

Gesamtherstellung: Beltz Offsetdruck, Hemsbach/Bergstr.
Umschlaggestaltung: W. Koch, Sindelfingen

VORWORT

Künftige Kommunikationsnetze zeichnen sich durch ein beträchtlich erweitertes Dienstleistungsspektrum aus, das dem wachsenden
Nachrichtenaustausch Rechnung trägt. Neben neuartigen Leistungsmerkmalen für Benutzer und Betreiber müssen Signale unterschiedlicher Herkunft und Bandbreite übertragen und vermittelt werden.
Lichtwellenleiter, höchstintegrierte Schaltkreise, Module mit
Busschnittstellen, strukturierte Programme und endliche Automaten kennzeichnen die Implementierungsmöglichkeiten künftiger
Nachrichtensysteme, in denen Digitalsignale zum vorrangigen In-
formationsträger werden. Damit bestehen günstige Voraussetzungen
für eine integrierte Signalübertragung und -vermittlung, die
sog. Integration von Einrichtungen in dienstspezifischen Netzen.
Der begonnene Einsatz von Vermittlungssystemen für Digitalsignale rechtfertigt eine exemplarische Standortbestimmung und Er-
örterung von Ansätzen zur Integration verschiedener Dienste.

Das Nachrichtentechnische Kolloquium 1981 der Technischen Universität Braunschweig veranschaulicht in sieben ausgewählten
Beiträgen Wege und Probleme der Dienstintegration in künftigen
Kommunikationsnetzen. Im einzelnen werden die Wandlungsmöglich-
keiten der Fernsprechnetze und Nebenstellenanlagen, neuartige
Vermittlungssysteme für Digitalsignale und Verkehrslastsitua-
tionen in Mikrorechner-Steuerungen behandelt. Die Beitragsserie
schließt mit einem Erfahrungsbericht über die Struktur dienstintegrierter, optischer Breitband-Kommunikationssysteme. Hierbei werden die achtziger Jahre beleuchtet, grundlegende Lösungsansätze dargestellt und Schwerpunkte für weitere Forschungs-
oder Entwicklungsarbeiten angesprochen. Insbesondere wird deutlich, daß eine Integration von Einrichtungen und Diensten dann
in Betracht kommt, wenn sich die Eigenschaften der Einrichtungen und Anforderungen der Dienste innerhalb der Nachrichten-
Transportnetze überschneiden. Ein Integrations-Test müßte deshalb neben der erforderlichen Übertragungsrate (Kanalkapazität)
das erwartbare Verkehrsaufkommen (Belastungskapazität), das jeweilige Dienstleistungsspektrum und nicht zuletzt den Gesamt-
aufwand für eine vorgeschriebene Dienstverfügbarkeit (Dienst-

kapazität) umfassen. Für vermittelte Datendienste ist z.B. die
Bandbreite ein untergeordnetes, das Belastungsverhalten jeder
Vermittlung gegenüber dem Zustrom unterschiedlicher Dienstlei-
stungsforderungen ein ausschlaggebendes Integrationskriterium.
Die Integrierbarkeit echtzeitiger Bildübertragungen muß sich
demgegenüber eher an den erforderlichen Dienstbandbreiten als
am Verkehrsaufkommen orientieren. Das traditionelle Fernschreib-
Vermittlungs-(Teleprinter Exchange-Telex)netz mit Übertragungsraten von 50 Schritten pro Sekunde und breitbandige Bildüber-
tragungsnetze für 140 Mio. Binärschritte pro Sekunde sind also
extreme Außenseiterbeispiele.

Als verantwortlicher Betreuer des diesjährigen Kolloquiums
spreche ich den Vortragenden im Namen aller Teilnehmer besonderen und freundlichen Dank für die Übernahme des Referates
und Abfassung eines Beitrages aus. Die vorliegende Buchveröf-
fentlichung der Kolloquiumsbeiträge ist für alle entstanden,
die sich bei unterschiedlichen Kenntnisvoraussetzungen mit dem
wichtigen Aspekt der Dienstintegration und hierfür disponier-
baren Systemausstattungen beschäftigen oder eine Übersicht ge-
winnen wollen. Sie wendet sich damit gleichermaßen an Studie-
rende sowie Ingenieure in Wissenschaft, Wirtschaft und Behörden
und möchte dazu beitragen, den fortgeschrittenen Kenntnisstand
über verteilte Kommunikations- und Automatennetze zu vermitteln.

Braunschweig, im Dezember 1981   H.L. Hartmann

INHALT   SEITE

INTEGRIERTE DIGITALE NACHRICHTENNETZE - FUNKTION
UND BEDEUTUNG

Von Peter R. Gerke

ENTWICKLUNGSPOLITISCHE MASSNAHMEN DER DEUTSCHEN BUNDESPOST
IM BEREICH DIGITALER DIENSTE FÜR DEN ZEITRAUM 1985 - 1990

Von Jürgen Kanzow

PLANUNG UND ENTWICKLUNG DIGITALER NACHRICHTENSYSTEME IN
DER SCHWEIZ UND IM EUROPÄISCHEN VERGLEICH

Von Albert Kündig

ENTWICKLUNGSSTAND VON NEBENSTELLENANLAGEN

Von Hermann Ruckdeschel

DIGITALE FERNSPRECHVERMITTLUNGSTECHNIK - EINFLUSS DER
TECHNOLOGIE UND DER BETRIEBLICHEN ANFORDERUNGEN AUF DIE
SYSTEMARCHITEKTUR

Von Manfred Langenbach-Belz

INTEGRIERTE DIGITALE NACHRICHTENNETZE -
FUNKTION UND BEDEUTUNG

Peter R. Gerke

Siemens AG, Bereich Kommunikationstechnik -
Zentrallaboratorium, München

Zusammenfassung: Bei Fernsprechnetzen zeichnet sich mit
fortschreitendem technologischen Wandel ein Trend zur Digitalisierung ab. Das bedeutet den Ersatz des analogen Fernsprechkanals mit einer Bitrate von 64 kbit/s. Wenn sich die Digitalisierung auf Übertragungsstrecken und Vermittlungsstellen er-
streckt, spricht man von einer Integration von Übertragungs-
und Vermittlungstechnik.

Ein voll digitales Netz auf der Basis von 64-kbit/s-Ka-
nälen bietet einen großen Anreiz, außer Sprache auch andere
Kommunikationsformen wie Text, Faksimile und Daten zu über-
mitten. In diesem Fall erhält man eine Integration verschiedener Dienste in einem Netz. Es werden eine Reihe von Gesichtspunkten zur Dienstintegration diskutiert, wobei man netzbe-
zogene und benutzerbezogene Argumente unterscheiden kann.

Die Realisierung eines dienstintegrierten digitalen
Netzes erfordert die durchgehende Digitalisierung des Netzes
von einem Teilnehmer zum anderen Teilnehmer. Das wirft einige
Fragen zu Technik und Einführung eines solchen Netzes auf, auf
die näher eingegangen wird.

1   Grundlagen und Definitionen

Bei Fernsprechnetzen zeichnet sich ein Trend zur "Digitalisierung" ab, d.h. Sprache wird nicht mehr als analoges
Signal mit einer Bandbreite von etwa 3400 Hz übertragen, sondern die Sprachsignale werden digitalisiert und als Bitströme
im Netz transportiert. Als Digitalisierungsverfahren ist die
"Pulscodemodulation" (PCM) standardisiert worden $\lfloor 1 \rfloor$. Dabei
werden die analogen Sprachsignale alle 125 µs abgetastet, die
Amplitudenwerte der Abtastproben werden quantisiert - hierfür
stehen 256 positive und negative Amplitudenstufen zur Verfügung - , die jeweilige Amplitudenstufe einer Abtastprobe
wird binär codiert. Entsprechend den möglichen 256 Ampli-

tudenstufen ist hierfür je Abtastprobe ein aus 8 bit beste-
hendes "PCM-Wort" nötig. Bei einer Abtastfrequenz von 8 kHz
(entspr. dem Abtastintervall von 125 µs) ergibt sich daraus
die Bitrate des digitalen Fernsprechkanals zu 8·8 = 64 kbit/s.

Die ursprüngliche Bedeutung der Digitalisierung des
Fernsprechsignals lag darin, durch zeitliche Verschachtelung
(Zeitmultiplex) mehrerer digitaler Fernsprechkanäle Übertragungsstrecken im Orts- und Nahverkehrsnetz mehrfach auszunut-
zen. Ein Beispiel hierfür ist das digitale Grundsystem, das
die zeitliche Verschachtelung von 30 digitalen Fernsprechkanälen erlaubt. Zusätzlich werden ein Kanal für die Kanal-
synchronisierung und ein Kanal für die fernsprechtechnische
Signalisierung (z.B. Übermittlung der Wählinformation) ge-
braucht (Bild 1). Der Kanalzyklus (Rahmen) muß sich - wie
eingangs erwähnt - alle 125 µs wiederholen.

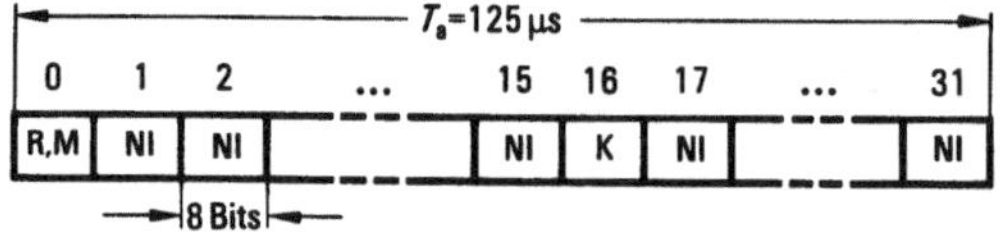

Bild 1)   Pulsrahmen des Systems PCM 30
          (nach CCITT-Empfehlung G.732)

Bei dieser nur übertragungstechnischen Multiplexaus-
nutzung werden die digitalen Sprachsignale an jeder Vermittlungsstelle wieder in analoge Einzelkanäle rückumgesetzt,
weil Einzelkanäle vermittelt werden müssen. (Bild 2a).

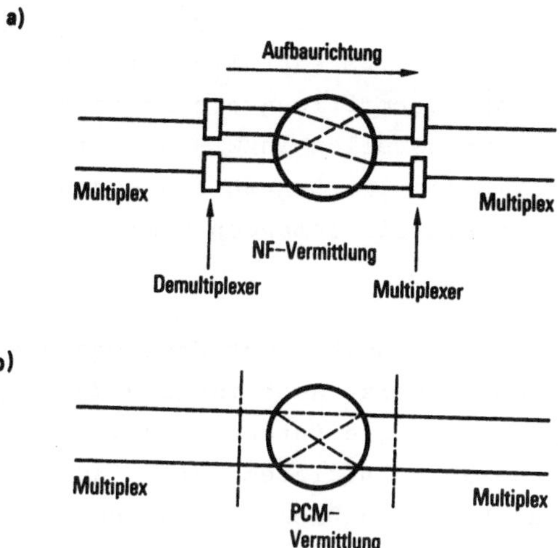

Bild 2)   Das Integrierte Digitale Netz (IDN)

Übertragungsstrecken enden also an Vermittlungsstellen mit
Codieren/Decodieren und Multiplexern/Demultiplexern.

Technologische Fortschritte haben es jedoch möglich
gemacht, auch Vermittlungsstellen an das PCM-Übertragungsver-
fahren anzupassen, so daß die Rück-Umsetzung an der Vermittlungsstelle unterbleiben kann (Bild 2b). Man spricht dann von
einer "Integration" von digitaler Übertragungs- und Vermittlungstechnik (Integrated Digital Network, abgekürzt im internationalen Gebrauch mit IDN). Das Durchvermitteln eines digitalen Fernsprechkanals aus einem ankommenden Multiplexsystem
in ein weiterführendes Multiplexsystem erfordert im allgemeinen einen Wechsel der zeitlichen Kanallage, so daß digitale Fernsprechvermittlungen außer der elektronischen Kopplung von ankommender und abgehender Richtung auch eine zeitliche Verschiebung des jeweiligen PCM-Wortes durchführen
müssen ⌐2⌐.

Durch die Integration von digitaler Übertragungs- und Vermittlungstechnik ergibt sich ein sich verstärkender wirtschaftlicher Effekt: Einerseits entfallen die Analog/Digital-Umsetzungen an jeder Vermittlungsstelle, andererseits sind digitale Vermittlungsstellen inzwischen wirtschaftlicher als analoge geworden. Darin liegt auch ein wesentlicher Anreiz zu der jetzt weltweit einsetzenden Digitalisierung des Fernsprechnetzes.

Ein sich weltweit ausdehnendes Fernsprechnetz auf der Basis von 64-kbit/s-Kanälen ist auch für die Nutzung durch andere Kommunikationsformen wie Daten-, Text- und Bildkommunikation hochinteressant. In diesem Fall finden neben den Fernsprechdiensten auch andere Dienste Eingang in das digitale Netz. Das Netz wird zum "dienstintegrierten Digitalnetz" (Integrated Services Digital Network, ISDN).

2   <u>Die Integration von Diensten in einem Netz</u>

Heute gibt es Nachrichtennetze, deren Eigenschaften auf die Abwicklung ganz bestimmter Dienste zugeschnitten sind. Beispiele hierfür sind das Fernsprechnetz und das Telexnetz. Ein digitales Fernsprechnetz ist in der Lage, 64 kbit/s je Kanal zu übermitteln, dagegen arbeitet das Telexnetz mit einer Schrittgeschwindigkeit von 50 Baud. Ein späteres, digitales Bewegtbild wird vielleicht eine Bitrate von 70 Mbit/s je Kanal beanspruchen. Ob sich derart unterschiedliche Transportkapazitäten wirtschaftlich in einem einheitlichen Netz unterbringen lassen werden, ist eine offene Frage.

Verallgemeinernd: Vom wirtschaftlichen Standpunkt aus ist eine Dienstintegration dann zu empfehlen, wenn sich die Anforderungen der zu integrierenden Dienste an das Netz ähneln, oder wenn sich die Dienste den gegebenen Netzeigenschaften anpassen können. Ein Beispiel für den letztgenannten Fall ist übrigens das heutige analoge Fernsprechnetz, in dem auch ein großer Teil des Datenverkehrs abgewickelt wird.

Es gibt aber auch nutzerbezogene Argumente für eine Dienstintegration $\sqsubset 3 \sqsupset$, die sich natürlich auch letztlich in wirtschaftlichen Vorteilen niederschlagen. Hier sind zu nennen:

a)   Die Dienstintegration beim Benutzer

Ein wesentlicher Aspekt des "Büros der Zukunft" (Office of the future) ist das Anwachsen der Kommunikationsvielfalt. Die Telekommunikation etwa am Sachbearbeiter-Platz beschränkt sich nicht allein auf das Telefon, sondern es treten der Datenverkehr, der Austausch von Texten und Bildern hinzu. Eine solche Entwicklung verlangt erstens die leichte Installierbarkeit von zusätzlichen Telekommunikationsgeräten (Terminals), zum zweiten aber auch die Mehrfachausnutzung von Terminals - wie z.B. Sichtschirm, Tastatur, Drucker - für verschiedene Dienste. "Leichte Installierbarkeit" bedeutet: Ausnützung eines bereits vorhandenen Netzes, kein Nachverlegen von Leitungen, universelle "Kommunikationssteckdose" für alle Dienste. Die Mehrfachausnutzung von Terminals verhindert das Überladen des Arbeitstisches mit Geräten und erhöht die Bedienerfreundlichkeit.

Selbstverständlich sind dies keine "Muß"-Bedingungen sondern Wünsche, die aber durch die Dienstintegration in <u>einem</u> Netz gut erfüllbar sind.

b)   Kombinierte Kommunikation

Mit einem dienstintegrierten 64-kbit/s-Netz eröffnet sich die Möglichkeit, neue Dienste einzuführen, die mehrere Kommunikationsformen in zweckmäßiger Weise in <u>einem</u> Kommunikationsvorgang (in <u>einer</u> Verbindung) miteinander kombinieren. Beispielsweise können in einem Ferngespräch erläuternde Bilder zur Gesprächsunterstützung übertragen werden. In einem 64 kbit/s-Netz dauert die Bildübertragung nur wenige Sekunden, so daß das Gespräch dadurch kaum beeinträchtigt wird.

Sowohl im Fall a) als auch im Fall b) zeigt sich als dringende Notwendigkeit, Schnittstellen und Dienste landesweit und weltweit zu standardisieren. Nur dadurch kann die Bildung schädlicher "Kommunikationsinseln" verhindert und das ISDN der weltweiten, fortschrittlichen Kommunikation "von jedem zu jedem" geöffnet werden!

Auf die "klassische" Form der Dienstintegration sei noch hingewiesen, nämlich auf die Integration von Diensten auf (teuren) Übertragungsstrecken. Auf Übertragungswegen, die aus Kostengründen im Zeitmultiplex oder Frequenzmultiplex ausgenutzt werden, ist es schon seit langem üblich, Signale verschiedener Dienste gemeinsam zu übertragen. Diese Form der Dienstintegration kann auch in künftigen Lichtwellenleiter-Teilnehmeranschlußnetzen von Bedeutung sein, um Kabelfernsehen, Bildfernsprechen, digitales Fernsprechen, Text- und Datendienste sowie Telemetrie- und Fernwirk-Dienste über nur einen oder zwei Lichtwellenleiter dem Teilnehmer zu erschließen.

3   Realisierungsgesichtspunkte

Wichtige Voraussetzung für die Realisierung eines dienstintegrierten Digitalnetzes (ISDN) ist die Definition von entsprechend universellen Schnittstellen und die Entwicklung von entsprechend zuverlässigen digitalen Übertragungsverfahren im Teilnehmeranschlußbereich. Hier sind die Dinge noch im Fluß, so daß keine endgültigen Aussagen möglich sind.

Den derzeitigen Stand der Schnittstellenfestlegung zeigt vereinfacht Bild 3 $\lfloor 4 \rfloor$. Kennzeichen ist, daß über einen Digital-Anschluß an der Leitungsschnittstelle C mehrere unterschiedliche Terminals ST (Subscriber Terminal) erreicht werden können. Die Verbindung des jeweils gewünschten Terminals mit dem Netz wird mit Hilfe der "Network Termination" NT bewirkt.

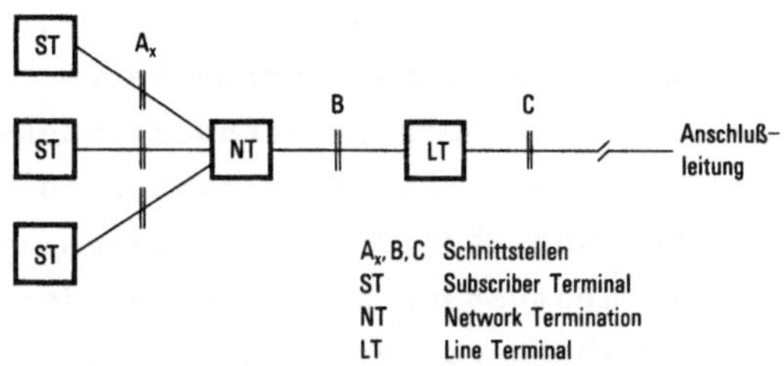

Bild 3)   Funktionale Schnittstellen des
Teilnehmerzugangs zum ISDN

An der Schnittstelle B wird grundsätzlich mit einer
Bitrate $b+b+\Delta$ gerechnet (b = 64 kbit/s, Δ = 16 kbit/s),
wobei Δ für die vermittlungstechnische Signalisierung für
zwei Nutzkanäle b und zusätzliche Telemetrieaufgaben vorgesehen ist. An der Schnittstelle A_x kann durch ein Terminal
entweder b allein oder 2 b genutzt werden. An der Schnittstelle C schließlich tritt die "physikalische Realität" in
Kraft, indem nämlich - je nach den Leitungsbedingungen -
entweder $b+\Delta$ oder $b+b'+\Delta$ (mit b' = 8 kbit/s und = 8 kbit/s
in diesem Falle) oder $b+b+\Delta$ übertragen werden kann. Letzten
Endes muß sich die Anschaltung von Terminals natürlich nach
den physikalischen Gegebenheiten der Schnittstelle C richten.

Weitere Arten des Teilnehmerzugangs zum ISDN sind nur
grob umrissen. So soll es einen erweiterten Zugang mit bis zu
5 und einen Mehrfachzugang mit 10 oder 30 Nutzkanälen b geben. Auch die Ausprägung dieser Zugänge richtet sich natürlich nach den physikalischen Anschlußbedingungen. Dafür steht
eine breite Palette von Möglichkeiten zur Verfügung: Nutzung
des vorhandenen Anschlußnetzes, Verwendung von zwei oder vier
Adern je Anschluß, Einsatz von Verstärkern oder von Konzentratoren, - schließlich auch Nutzung eines neu zu verlegen-
den Lichtwellenleiter-Anschlußnetzes.

Ein weiterer wichtiger Gesichtspunkt für die Realisierung des künftigen dienstintegrierten Netzes ISDN ist es,
den verschiedenen Diensten auch dienstspezifische Leistungsmerkmale anbieten zu können. Das Problem besteht darin, daß
dies nicht auf Kosten des Hauptverkehrsträgers im ISDN ge-
schehen darf, der im Endzustand nach wie vor der Fernsprechverkehr sein wird. Deshalb werden zusätzliche Leistungsmerkmale wie etwa die Speicherung von Nutznachrichten in additiv
anschließbaren "Operationsmodulen" (Service Moduln) ohne
Belastung der Grundausstattung realisiert. Solche Operationsmodule brauchen zudem nicht in jeder ISDN-Vermittlungs-
stelle vorgesehen werden, sondern sie können je nach Bedarf
in "Special service centers" zentralisiert werden (Bild 4).

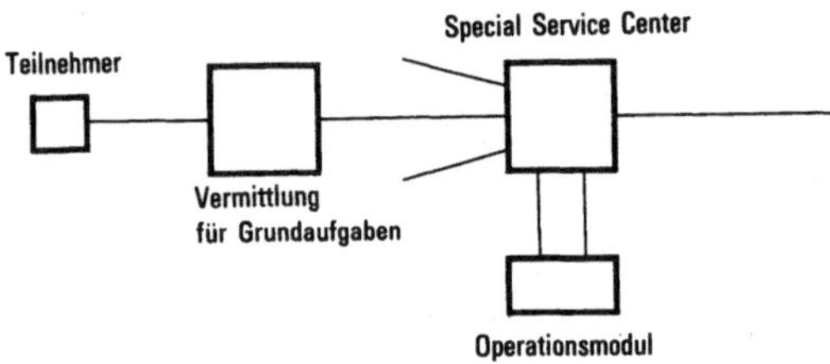

Bild 4) ISDN-Netzkonfiguration

Somit lassen sich die Eigenschaften des ISDN in folgender
Weise präzisieren und zusammenfassen:

- (letztlich) weite Verbreitung entsprechend dem heutigen
  Fernsprechnetz;

- Verbindungsaufbau- und Abbauzeiten im Bereich einer Sekunde, da es sich um ein vollelektronisches Netz handelt;

- leitungsvermitteltes Netz mit Rücksicht auf den Sprach-
  Massenverkehr;

- allgemein verfügbare Bitrate von 64 kbit/s;

- leistungsfähige "out-slot"-Signalisierung (außerhalb des
  Nutzkanals), für die 16 bzw. 8 kbit/s zur Verfügung stehen;

- Zusatzleistungsmerkmale über Operationsmodule, die die
  Grundausstattung des ISDN nicht belasten.

4   Einführungsgesichtspunkte

Der Nutzwert des ISDN ist ganz wesentlich davon abhängig, ob und wieweit es gelingt, interessierten Teilnehmern
frühzeitige und vielseitige Kommunikationsmöglichkeiten zu
eröffnen. Das setzt den digitalen Anschluß an digitalen Vermittlungen und durchgehend digitale Verbindungen voraus.

Die Einführung des digitalen Fernsprechnetzes ge-
schieht im allgemeinen durch Substitution oder Erweiterung
bestehender analoger Übertragungsstrecken und Vermittlungen.
Dabei werden in der Regel digitale Netzinseln entstehen. Eine
Nutzung für das ISDN erfordert die Verbindung dieser Inseln
über digitale Übertragungsstrecken, außerdem können im Ein-
zugsbereich der Inseln digitale Teilnehmer angeschlossen
werden. Eine Inselbildung wird nur dann vermieden, wenn das
Digitalnetz konsequent von der obersten Netzebene ausgehend
über die darunter liegenden Netzebenen "von oben nach unten"
eingeführt wird. Der Anschluß von ISDN-Interessenten ist vom
Ausbauzustand des Netzes abhängig.

Eine andere Einführungsstrategie besteht darin, ein
sog. "Overlay-Netz" einzurichten, bei dem ISDN-Vermittlungen
überall dort eingerichtet werden, wo starker ISDN-Bedarf be-

steht. Die ISDN-Vermittlungen können zunächst unmittelbar miteinander vermascht und dann später in die Hierarchie des wachsenden digitalen Fernsprechnetzes einbezogen werden [5].

Welche ISDN-Einführungsstrategie verfolgt wird, ist sicherlich - entsprechend der Entscheidung der einzelnen Fernmeldeverwaltungen - von Land zu Land unterschiedlich. Zu hoffen ist allerdings, daß in dem Maße, wie das "Office of the future" Gestalt annimmt, auch die notwendigen Kommunikationsverfahren weltweit zur Verfügung stehen werden.

Schrifttum:

[1]   CCITT-Empfehlung G.711, CCITT-Orangebuch Band III-2, Genf 1977

[2]   Gerke, P.: Integrierte digitale Nachrichtennetze - Funktion und Bedeutung Fernmeldepraxis 55 (1978), Heft 23 S.919-940

[3]   Gerke, P.: Telekommunikationsdienste im zukünftigen dienstintegrierten Digitalnetz (ISDN) telcom report 3 (1980) Heft 5, S.377-380

[4]   CEPT, Special Group ISDN (GSI), Part 4 of Doc T/GSI(81)31, Doc T/CCH(81)3

[5]   Gerke, P.; Bocker, P.: Das Digitale Telefonie-Netz (DTN) - ein alldigitales Fernsprechnetz für Sprach-, Daten-, Text- und Faksimilekommunikation telcom report 2 (1979) Heft 4, S.254-260

ENTWICKLUNGSPOLITISCHE MASSNAHMEN DER DEUTSCHEN BUNDESPOST IM
BEREICH DIGITALER DIENSTE FÜR DEN ZEITRAUMM 1985 - 1990

Dipl.-Ing. Jürgen Kanzow
Bundespostministerium, Bonn

1 Fernmeldetechnisches Scenario 1985 - 1990

Die gegenwärtige technische Entwicklung im Fernmeldewesen
ist weltweit durch das Schlagwort "Digitalisierung" gekennzeichnet. Ausgelöst durch die Elektronikentwicklung und der
sinkenden Kosten insbesondere für digital arbeitende Halb-
leiterbausteine stellt sich die Fernmeldetechnik in allen
Bereichen, also auch bei Analogsignalen, auf digitale Vermittlung und Übertragung um.
Dieser Umstellungsprozeß beginnt zur Zeit. Ab 1982/83 wird
im Übertragungsnetz der Deutschen Bundespost generell nur
noch digitale Technik im Fernnetz eingesetzt werden. Ab
1985 folgt dann die digitale Vermittlungstechnik im Fernsprechnetz. Von diesem Zeitpunkt an wird auch die digitale
Anschlußtechnik für das Ortsnetz zur Verfügung stehen. Und
zwar vermutlich sowohl "schmalbandig" bis 64 Kbps für die
heute vorhandene Kupferanschlußleitung als auch "breit-
bandig" bis 140 Mbps für Glasfaseranschlußleitungen.

Das Vorhandensein dieser technischen Systeme bedeutet allerdings nicht, daß Mitte der achtziger Jahre die Fernmeldenetze bereits vollständig digitalisiert wären. Der Umstellungsprozeß - insbesondere im Fernsprechnetz - wird einen
Zeitraum von fünfzehn bis zwanzig Jahren umfassen. Dennoch
wird sich in der ersten Umstellungsphase und damit in der
zweiten Hälfte der achtziger Jahre in den "kleineren"
Diensten, und dazu gehören die Datendienste, bereits deutlicher auswirken als im Fernsprechdienst.
Die Datendienste werden demnach im Zeitraum 1985 - 1990 davon ausgehen können, daß der 64 Kbps-Kanal an die Stelle
des heutigen 3,4 KHz-Kanals tritt. Und das zu Kosten, die
den Kosten des heutigen Analog-Kanals entsprechen.

1.1 Das dienstintegrierte digitale Fernsprechnetz (ISDN)

Der Übergang von der Analog- zur Digital-Technik im Fernsprechnetz bedeutet technisch gesehen zunächst lediglich,
daß an die Stelle des analogen Fernsprechkanals mit einer
nutzbaren Frequenzbandbreite von 300 Hz - 3 400 Hz das
digitale Äquivalent mit einer Bitrate von 64 Kbps tritt.
Für die Sprachübertragung ändert sich dadurch nichts.
Für die Übermittlung digitaler Quellsignale allerdings ver-
ändert sich die Situation drastisch. Der analoge Sprachkanal läßt unter Verwendung hochkomplizierter und entspr.
kostenintensiver Übertragungsverfahren die Übertragung von
maximal 9 600 bps zu. Das vermittelte analoge Fernsprechnetz halbiert diese Bitrate, so daß man davon ausgehen kann,
daß für digitale Übertragung mit dem Übergang von analoger
zu digitaler Fernsprechtechnik eine Geschwindigkeitserhö-
hung um den Faktor 13 bis 14 verbunden ist. Gleichzeitig
entfallen die Kosten für den Modem.

Es war also naheliegend, bei der Konzeption eines digitalen
Fernsprechnetzes darüber nachzudenken, in ein solches Netz
auch die digitalen Dienste aufzunehmen. Dies führte zum sogenannten Dienstintegrierten Digitalen Fernsprechnetz (Integrated services Digital Network, ISDN), dessen technische Definition gegenwärtig weltweit heftig diskutiert
wird. Klar scheint zu sein, daß der Nutzkanal und der Signalisierungskanal auf der Teilnehmeranschlußleitung bei
digitaler Übertragung auf dieser Leitung voneinander ge-
trennt werden. Unklar ist noch, ob bei einer Gesamtbitrate
von 80 Kbps auf der Leitung neben dem 64 Kbps-Kanal 16 Kbps
oder 8 Kbps für den Signalisierungskanal festgelegt werden
sollen. Beschränkt man sich auf 8 Kbps, dann bleibt Raum
für einen Unterkanal von 8 Kbps, der eine zur Sprachübertragung gleichzeitige und von ihr unabhängige Übertragung
von digitalen Diensten bis zu einer Geschwindigkeit von
8 Kbps ermöglicht. Die teure Anschlußleitung könnte also
doppelt ausgenutzt werden, was sich kostensenkend auf die
Grundgebühren der heute üblichen Datendienste auswirken

würde. Ob auch die Vermittlungseinrichtungen des Fernsprechnetzes für die Vermittlung von Datenverbindungen mitbenutzt
werden, hängt vornehmlich davon ab, ob die Datendienste
weitergehende Anforderungen an die Leistungsmerkmale eines
Netzes stellen müssen als der Fernsprechdienst. Ist dies
der Fall, und vieles spricht aus heutiger Sicht dafür, dann
wird es auch künftig getrennte öffentliche Vermittlungseinrichtungen für Sprache und Daten geben müssen.

1.2 64 Kbps-Modellnetz

Die Auswirkungen, die sich aus der Digitalisierung des
Fernsprechnetzes für die Datendienste ergeben, lassen sich
nur schwer prognostizieren, da die Übertragungsgeschwindigkeit des Fernsprechkanals von 64 Kbps für Datenendeinrich-
tungen bisher "Neuland" ist. Angesichts der langen Vorbe-
reitungsphase, die Anwender und Hersteller benötigen, um
sich auf eine solche Erweiterung des Leistungsangebotes des
öffentlichen Netzes einzustellen, denkt die Deutsche Bundespost über Möglichkeiten für eine dem ISDN zeitlich vor-
laufende Versuchsphase nach. Eine Versuchsphase scheint
auch für den Endgerätebereich des Fernsprechnetzes selbst
von großer Bedeutung, da auch hier praktische Erfahrungen
mit einem digitalen Sprachkanal fehlen.
Die Bundespost plant daher, das Datex-L-Netz um eine
64 Kbps-Vermittlungsstufe zu erweitern. Dieses Modellnetz
könnte voraussichtlich 1983 in Betrieb genommen werden und
ließe sich bis zu einer Gesamtkapazität von 4 000 An-
schlüssen ausbauen.
Die Anschlußtechnik des Modellnetzes würde angenähert den
vermutlichen Bedingungen des ISDN entsprechen. Der Verbindungsaufbau im Modellnetz würde mit Hilfe eines Datex-L
2 400 bps-Anschlusses erfolgen, der somit die Outband-Si-
gnalisierung des ISDN nachbildet. Nach dem Aufbau der
2 400 bps-Verbindung würde der 64 Kbps-Kanal zugeschaltet.
Nach Abschluß des Verbindungsaufbaus steht der 2 400 bps-
Kanal zur Datenübertragung zur Verfügung, so daß gleich-

zeitig zwischen beiden Teilnehmern 64 Kbps und 2 400 bps
übertragen werden können.

1.3 Dienstintegriertes Breitband-Fernmeldenetz

Eingangs wurde bereits auf die Fortschritte der optischen
Nachrichtenübertragung hingewiesen, die erwarten lassen,
daß in der zweiten Hälfte der 80er Jahre mit dem Beginn der
allgemeinen Verwendung der Glasfaser im Fernnetz und im
Ortsnetz gerechnet werden kann.
Die Glasfaser als breitbandiges Übertragungsmedium ist nicht
nur für die Integration der heute bekannten Fernmeldedienste
auf der Teilnehmeranschlußleitung prädestiniert, sondern
sie schafft auch die technischen und wirtschaftlichen Voraussetzungen für die Einführung von Breitband-Individualkommuni-
kationsformen. Breitband bedeutet in diesem Fall Bewegtbildübertragung, wobei von einer Kanalbandbreite von 5 MHz auszugehen ist. Wie bei der Übertragung analoger Sprachkanäle
ist auch bei der Bewegtbildübertragung mit einer digitalen
Signalübertragung zu rechnen. Bei direkter Umsetzung des
5 MHz-Kanals ergibt sich eine Übertragungsrate von 140 Mbps,
bei redundanzmindernden Verfahren wären theoretisch 34 Mbps
erreichbar. In der Praxis der nächsten fünf bis zehn Jahre ist
jedoch eine so weitgehende Reduktion nicht zu erwarten, so
daß von 70 Mbps- bzw. 140 Mbps-Kanälen auszugehen ist. Für
Datendienste dürfte die Frage, ob mit 34, 70 oder 140 Mbps
zur Verfügung stehen werden, vermutlich ohnehin mehr akade-
mischen Charakter haben, da sich die Übertragungsgeschwindigkeit in jedem Fall in heute noch völlig unbekannten
Größenordnungen bewegt.

Wenn es gelingt, und dies ist das Ziel der Bundespost, die
Glasfasertechnik so kostengünstig werden zu lassen, daß sie
wirtschaftlich mit dem heutigen Kupferkabelnetz im Teilnehmeranschlußbereich konkurrieren kann, dann ist mit einer
vergleichsweisen hohen Einführungsgeschwindigkeit zu rechnen.
In einer Vorschau auf die Jahre 1985 - 1990 muß man daher
diese technische Entwicklung bereits berücksichtigen.

2 Digitale Dienste

2.1 Was sind digitale Dienste?

Will man die Auswirkungen der erkennbaren technischen Entwicklung im Bereich der öffentlichen Fernmeldenetze auf die
digitalen Dienste versuchen zu bewerten, dann muß man zunächst die Frage stellen, welche Dienste gemeint sind. Soweit heute erkennbar, werden alle Dienste, gleichgültig, ob
mit digitalen oder analogen Quellen versehen, digital vermittelt und übertragen werden, so daß die heute üblichen
Unterscheidungsmerkmale entfallen werden. Möglicherweise ist
die Unterscheidung nach Bewegtbild, Sprache, Text und Daten
tragfähiger, da hierbei neben der Übertragungsgeschwindigkeit auch die Leistungsmerkmale des Netzes mit in die Definition einbezogen werden. Dies scheint deshalb wichtig, weil
die Übertragungsgeschwindigkeit zunehmend in ihrer Bedeutung
gegenüber Fragen wie z. B. der Verbindungsaufbauzeit, der
dienstunterstützenden Netzleistungsmerkmale u.a.m. zurück-
treten wird.

2.2 Qualitative Auswirkungen der technischen Entwicklung

Der Versuch, die weitere technische Entwicklung qualitativ
zu beurteilen, ist heute nur in ersten Ansätzen möglich.
Generell muß man annehmen, daß die Übertragungskosten und
die Grundkosten für Text- und Datendienste bei gleichzeiti-
ger Erhöhung der realisierbaren Übertragungsgeschwindigkeiten
deutlich zurückgehen werden. Die Gesamtkosten werden vermutlich im wesentlichen nur noch von den Endgeräte- und den
Vermittlungskosten bestimmt werden. Die Höhe der Vermittlungskosten wiederum wird vornehmlich durch die für Text-
und Datendienste erforderlichen zusätzlichen Leistungsmerkmale bestimmt, die darüber entscheiden, ob spezielle Vermittlungseinrichtungen benötigt werden oder ob die Vermittlungseinrichtungen des Fernsprechdienstes oder der Bewegt-
bildkommunikation unverändert mitbenutzt werden können. Hier
bedarf es sehr sorgfältiger Analysen der Anwender und Her-

steller von Text- und Datenverarbeitungssystemen, die möglichst bald beginnen sollten.

Die kommunikationsrelevanten Kosten der Endgeräte müssen
gleichfalls unter dem Aspekt der weiteren technischen Entwicklung, und hier besonders der Großintegration im Elektro-
nik-Bereich zu sehen. Ob und in welchem Umfang die Möglichkeiten dieser Entwicklung in die Praxis der Endgeräte-Kon-
zeption einbezogen werden, hängt nicht zuletzt von der Zahl
der Endgeräte ab, die produziert werden. Und dies wiederum
ist abhängig von der Verbreitung eines Dienstes. Möglicherweise führen diese Zusammenhänge zu einer stärkeren Generalisierung der Text- und Datendienste, da jede Spezialisierung deutlicher noch als bisher zur Verteuerung eines
Dienstes führt.

Der von den Kosten ausgelöste Druck zur Generalisierung
wird verstärkt durch die zunehmende Möglichkeit der Jeder-
mit-Jedem-Kommunikation auch im Datenbereich, die sich in
voller Breite nur dann ausschöpfen läßt, wenn auf eine zu
starke Spezialisierung im Anwendungsbereich verzichtet wird.

Insgesamt gesehen hängt die Entwicklung der digitalen Dienste
in der zweiten Hälfte der 80er Jahre vermutlich mehr von dem
Selbstverständnis der Anwender und Hersteller im Bereich der
Datenkommunikation ab als von Engpässen jeglicher Art im Bereich der öffentlichen Fernmeldenetze. Nur wenn es gelingt,
für die Text- und Datenkommunikation einen möglichst großen
gemeinsamen Nenner zu finden, können die sich abzeichnenden
Möglichkeiten digitaler Dienste voll genutzt werden.

PLANUNG UND ENTWICKLUNG DIGITALER NACHRICHTENSYSTEME

IN DER SCHWEIZ UND IM EUROPÄISCHEN VERGLEICH

Dr. A. Kündig
Generaldirektion PTT
Technisches Zentrum
CH-3000 Bern 29

Zusammenfassung

Es wird heute angestrebt, die Planung der Telekommunikations-
systeme in der Schweiz auf einen Satz von hierarchisch geglie-
derten Richtlinien abzustützen. An erster Stelle steht dabei
das Kommunikationsleitbild PTT, welches für die Fernmelde- und
die Postdienste zum Teil gemeinsame, zum Teil individuelle
Regeln für die Gestaltung des zukünftigen Dienstleistungsange-
botes und den Aufbau der dafür notwendigen Infrastruktur auf-
stellt. Im Teilgebiet der Telematik (Datenkommunikation) ist
das sogenannte Datenkonzept als konsistente Verfeinerung des
Kommunikationsleitbildes erarbeitet worden. Sowohl das Kommunikationsleitbild wie auch das Datenkonzept liegen in heute
noch unveröffentlichten Entwürfen vor.

Im vorliegenden Beitrag werden einige Ueberlegungen, welche
vor allem dem technischen Teil beider Werke zugrunde liegt,
zusammengefasst, und damit die Basis aufgezeigt, auf welche
Planung und Entwicklung bei den Schweizer PTT aufbauen. Damit
verbunden ist auch eine kurze Vorstellung der gegenwärtig geplanten oder im Betrieb stehenden Systeme auf dem Telematik-
Sektor (Leitungsvermittlung bis 300 Bd, Paketvermittlung
TELEPAC, VIDEOTEX, TELETEX, Meldungsvermittlung SAM). Der
Beitrag wendet sich dann der Entwicklung des Systems IFS zu,
des zukünftigen digitalen Schweizer Einheitssystems für die
Telefonie und später auch Datenübertragung. Der Stand der
Entwicklung und die Einführungspläne werden erläutert. Es
wird ferner auf die weiter in die Zukunft zielenden Entwicklungen in der Richtung dienstintegrierter Digitalnetze (ISDN)
eingegangen und dabei auch ein experimentelles Bildschirmtelefon sowie das zugehörige Versuchsnetz vorgestellt.

Abschliessend wird versucht, die zukünftige Entwicklung des
ISDN im Vergleich verschiedener Länder zu erfassen.

1 Leitbilder für die technische Planung: Kommunikationsleitbild und Datenkonzept

1.1 Allgemeines

Anfangs der 70er Jahre wurde es offensichtlich, dass die technologische Entwicklung einen immer stärkeren Einfluss auf das Kommunikationswesen ausübt. Da davon nicht nur bestehende Anlagen und Netze betroffen sind, sondern auch eine grosse Palette neuer Dienstleistungen möglich wird, machte man sich in den meisten Industrienationen zunehmend Sorgen um eine geordnete Entwicklung. In verschiedenen Studien wurden die Situation und mögliche Entwicklungen analysiert, allen voran der in Deutschland ausgearbeitete und in der Schweiz aufmerksam studierte Bericht der Kommission für technische Kommmunikation (KtK-Bericht). Auch die schweizerischen PTT-Betriebe haben die Notwendigkeit einer Richtschnur für das zukünftige unternehmerische Handeln im Bereiche der Kommunikation erkannt. Als übergeordnete unternehmerische Richtlinie wird deshalb gegenwärtig das sogenannte Kommunikationsleitbild ausgearbeitet, und technische Grundsatzentscheide für das Gebiet der Telematik sind im Rahmen eines "Datenkonzeptes" /1, 2/ festgehalten worden. In Abschnitt 1.3 werden die wichtigsten technischen Vorgaben beider Werke zusammengefasst.

1.2 Der Ausbaustand der Fernmeldedienste in der Schweiz Ende der 70er Jahre

Der Ausbaustand der Fernmeldedienste in der Schweiz wird in Figur 1 zusammengefasst. Deren Analyse zeigt einige Merkmale, wie sie durchaus auch in andern Ländern bekannt sind:

- das Dominieren der Telefonie bei der Zweiwegkommunikation, voraussichtlich noch für mindestens 1 oder 2 Jahrzehnte.

- die hohen Zuwachsraten bei der Datenübertragung und - unter Berücksichtigung der technologischen Entwicklung - das voraussichtliche Verschmelzen von Datenübertragung, Telex und Bildübertragung zu neuen Telematikdiensten.

Die fast explosive Ausdehnung der Telematik kann zweifellos längere Zeit nur dann andauern, wenn über die spezialisierte professionelle Datenkommunikation hinaus neue Anwendungsgebiete wie einfache Formen der Bürokommunikation und die Datenübertragung zum Privathaushalt erschlossen werden.

Im Unterschied zu vielen andern Ländern sind die schweizerischen PTT mit einer schon weitgehenden Sättigung bei der Telefonie konfrontiert. Es ist daher umso schwieriger, neue Dienste einfach "Huckepack" im Zuge des Ausbaus des Telefonnetzes einzuführen; oekonomische Ueberlegungen führen zu einer Erneuerungsgeschwindigkeit, bei welcher erst in den neunziger Jahren ein landesweites digitales Telefonnetz vorhanden sein wird (vgl. dazu auch Figur 3).

Vor besondere Probleme werden die Fernmeldeverwaltungen auch durch die demographische Situation gestellt. Figur 2 zeigt als Illustration die räumliche Verteilung potentieller professioneller Telematikkunden in der Schweiz. Diese Verteilung ermöglicht zwar einerseits eine Erfassung der grossen Mehrheit der Kunden durch wenige Netzknoten in den Ballungsräumen. Anderseits haben die PTT aber als monopolistischer Staatsbetrieb die Auflage zu beachten, dass alle Teilnehmer zu möglichst gleichen Konditionen bedient werden müssen. Immerhin erleichtert die moderne Technologie die Lösung dieses Problems: Multiplexer und Konzentratoren im Verein mit kostengünstigen Uebertragungssystemen erlauben die Erfassung von entfernten Teilnehmern.

1.3 Grundsätzliche Vorstellungen über die zukünftige technische Planung

Im folgenden werden diese Vorstellungen in einer besonderen Form zusammengefasst:

- In verschiedenen Thesen wird ein bestimmter Sachverhalt oder ein Problemkreis kurz umrissen.

- In zugehörigen Postulaten werden darauf zugeschnittene Richtlinien und Arbeitshypothesen aufgestellt.

- In Kommentaren wird versucht, die Postulate zu begründen.

Diese Aussagen werden unter besonderer Berücksichtigung der Telematik gemacht.

THESE 1

Die Benützerbedürfnisse überstreichen ein breites Feld von
sehr verschiedenartigen Anforderungen. Eine grobe Untertei-
lung der Benutzer einerseits und der Nutzungsarten anderseits
zeigt folgende Fälle:

Nutzungs- art Benutzer	1 Transaktions- orienteriert, intermittierender Datenverkehr	2 Datenverkehrs- charakteristiken ähnlich wie Telefonie	3 Spezialan- forderungen
H PRIVAT HA Klein- haushalte	HA-1	HA-2	HA-3
HB Gross- haushalte	HB-1	HB-2	HB-3
P PROFESSIONELL PA Klein- und Mittelbetriebe	PA-1	PA-2	PA-3
PB Gross- Betriebe	PB-1	PB-2	PB-3

Erläuternde Beispiele zu den Benutzerkategorien

HA Private Haushalte (Familien)

HB Private Benutzer in Grosshaushalten wie Spitäler, Schulen
    usw. sowie in öffentlich zugänglichen Gebäuden und
    Verkehrsflächen.

PA Gewerbebetriebe, Treuhandbüros, Architekten- und Inge-
    nieurbüros, kleine Fabrikationsbetriebe, kleine kommunale
    Verwaltungen.

PB Grossunternehmen in Industrie und Handel; Banken; Ver-
    sicherungen; grosse Staatliche Verwaltungen; Dienst-
    leistungsunternehmen zugunsten der Benutzerkategorien
    PA und H.

<u>**Erläuternde Angaben zu den Nutzungsarten**</u>

(Typische Werte und Beispiele)

	1	2	3
Verbindungsdauer (Minuten)	1 - 60	0,5 - 5	30 - ∞
Effektiv übertragene Datenmenge je Verbindung (kbit)	10 - 500	100 - 10'000	entweder $<$ 10 oder $>$ 10'000
Aktivitätsfaktor	0,01 - 0,1	0,1 - 1	entweder $\ll$ 0,1 oder $\approx$ 1
Beispiele	- Datenbank-abfrage - Reserva-tions-systeme - Realtime-Banking	- Faksimile - Uebertra-gung län-gerer Texte - Transfer kleiner und mittlerer Dateien	entweder Telemetrie und Fern-steuerung oder Uebertragung grosser Dateien

POSTULAT 1

Auf dem Gebiet der Datenübermittlung müssen verschiedenartige
Benutzergruppen mit zum Teil spezifischen Bedürfnissen
respektiert werden. Der Aufbau der technischen Mittel
(Infrastruktur) muss diesem Umstand Rechnung tragen und ein
entsprechend vielfältiges Dienstleistungsangebot erlauben.
Vordringlich ist eine bessere Abdeckung der Fälle PA-1 und
PB-1, in 2. Priorität HA-1 sowie PA-2 und PB-2.

KOMMENTAR 1

An sich würde das konventionelle Telefonnetz mit seiner
landesweiten und weitverzweigten Abdeckung auch einen idealen
Träger für die Datenkommunikation darstellen. Dessen Nachteile
- grosse Verbindungsaufbauzeit, teilweise mangelhafte Uebertragungsqualität, beschränkte Uebertragungsgeschwindigkeiten -
haben in den letzten Jahren eine starke Ausdehnung der privaten
Mietleitungsnetze mit sich gebracht. Diese werden naturgemäss
vor allem von Grossbetrieben eingesetzt. Diese Entwicklung ist
grundsätzlich weder im Interesse der PTT noch deren Kundenge-
samtheit:

- Verhinderung der Bildung offener Netze (offen im Sinne der
  Verbindungsmöglichkeiten wie auch offen im Sinne der Geräte-
  beschaffung)

- Benachteilung von kleinen und mittleren Kunden

- Den PTT wird Verkehr entzogen

Von den Applikationen her sind die Fälle PA-1 und PA-2 heute
besonders aktuell; mit der fortschreitenden Endgeräteentwick-
lung werden aber auch die Fälle HA-1 (Videotex!) sowie PA-2
und PB-2 (Faksimile!) zunehmend wichtiger.

THESE 2

Von den PTT wird eine möglichst gleichmässige Versorgung des
Landes zu einheitlichen Tarifen erwartet, obschon sich 80%
der· potentiellen Datenübermittlungsteilnehmer in nur 5 Agglo-
merationen befinden.

POSTULAT 2

Das digitale Uebertragungsnetz ist forciert so auszubauen,
dass es zusammenhängend möglichst rasch alle wichtigen
Knotenämter berührt und damit erlaubt, kostengünstig auch
Teilnehmergruppen zu erfassen, welche fernab von neuen Daten-
vermittlungseinrichtungen liegen (mit vorgeschobenen Multi-
plexern und Konzentratoren). Mit dem gleichen Netz sollen
auch die interzentralen Verbindungen sichergestellt werden
und es soll möglich sein, festgeschaltete Stromkreise für
Sonderbedürfnisse zu vermieten.

KOMMENTAR 2

Die Leistungspflicht der PTT ergibt sich als natürliches
Gegenstück zu den gesetzlich verankerten Monopolen.

Die digitale Uebertragungstechnik ist sehr flexibel für ver-
schiedenste Anwendungen einsetzbar und erlaubt die kosten-
günstigste Uebertragung von Gruppen von Kanälen.

THESE 3

Dem Datenaustausch über die Landesgrenzen hinweg kommt eine
grosse Bedeutung zu. Mit der Vermaschung der verschiedenen
nationalen Netze werden die schweizerischen Telekommunika-
tionssysteme Bestandteil eines weltweiten Netzes.

Gleichermassen können die vielfältigen Benutzerbedürfnisse
nur dann vollständig abgedeckt werden, wenn die Datenendgeräte
auf einem internationalen, durch die Harmonisierung in Europa
zusätzlich geöffneten Markt ausgewählt werden können, jedoch
normierte Schnittstellen zu den öffentlichen Netzen (d.h. zu
den Datenanschlussgeräten) respektiert werden.

POSTULAT 3

Das Datenkonzept stützt sich auf die internationalen Normen
des CCITT, der ISO und der CEPT ab. Die schrittweise Realisierung des Konzeptes ist auf die in der CEPT ausgearbeiteten
Pläne und Prioritäten auszurichten (CSTD bezüglich spezieller
Datennetze, CCH bezüglich dienstintegrierter Digitalnetze).
Datenendgeräte werden nicht exklusiv durch die PTT abgegeben,
sondern vornehmlich nur in Anwendungsfällen mit grosser Verbreitung des gleichen Gerätes (z.B. Benutzergruppen HA,
HB und PA).

KOMMENTAR 3

Typische Endgeräte, welche durch die PTT abgegeben werden
können, sind:

a) exklusiv: - Telefon- und Telexapparate
                    - Haustelefonzentralen

b) in Konkurrenz: - Faksimile, Teletex, Videotex

Die private Beschaffung einer ganzen Reihe von Ausrüstungen
ist möglich, sofern diese typengeprüft sind, z.B. solche für
die Telematik, Zusatzeinrichtungen zur funktionellen Ergän-
zung von PTT-Geräten, Telematik-Hausvermittlungsanlagen
(sofern PTT-Anlagen die Kundenbedürfnisse nicht befriedigen).

THESE 4

Die aus der Sicht der Datenübermittlung im öffentlichen Netz
bisher fehlenden Funktionen und die oft mangelhafte Uebertragungsqualität haben zu einer starken Ausweitung privater
Mietleitungsnetze grosser Kundengruppen geführt (geschlossene
Netze von Benutzern Typ PB oder halboffene Netze eines Be-
treibers vom Typ PB für Kunden vom Typ PA und PB).

Diese Entwicklung ist aus verschiedener Sicht bedenklich:

- Die PTT werden zu einem blossen Vermieter von Leitungen;
  ihren bestehenden öffentlichen Netzen wird zunehmend mehr
  Verkehr entzogen.

- Die Aufteilung in verschiedene geschlossene Netze ist nur
  für den Grosskunden attraktiv und benachteiligt Klein- und
  Mittelbetriebe.

- Geschlossene Netze verhindern einen offenen, weltweiten
  Datenaustausch. Sie lösen das Problem einer angemessen
  hohen Verfügbarkeit und Dienstqualität nicht ökonomisch
  und behindern eine Oeffnung des Endgerätemarktes.

POSTULAT 4

Beim Ausbau der technischen Mittel für die Datenübermittlung
hat die Schaffung geeigneter öffentlicher Wählnetze mit
einheitlichen normierten Teilnehmerschnittstellen Priorität.
Deren Aufbau und Betrieb durch die PTT ist ein staatpolitisches
und wirtschaftliches Erfordernis. Er erlaubt der PTT ausserdem,
im Hinblick auf die Entwicklung und spätere Einführung dienstintegrierter Digitalnetze technisch und betrieblich wertvolle
Erfahrungen zu sammeln.

KOMMENTAR 4

Wählnetze sind echte offene Netze. Die Attraktivität eines
Netzes steigt mit der Zahl der erreichbaren Teilnehmer.

Indem Teilnehmer fehlerhafte Verbindungen selbst noch einmal
neu aufbauen können, kann die Verfügbarkeit bei entsprechender Systemgestaltung aus der Sicht des Teilnehmers verbessert
werden.

Man vergleiche ausserdem Kommentar 1.

[THESE 5]

Die Einführung und der weitere Ausbau digitaler Vermittlungssysteme für die Telefonie (IFS) ist an deren Investitions-
rhythmus gebunden (schwaches Wachstum der Teilnehmerzahl,
lange Lebensdauer der Zentralen). Obschon international davon
ausgegangen wird, dass das digitale Telefonnetz sich allmäh-
lich zu einem Mehrzwecknetz für Telefonie und Teleinformatik-
dienste wandelt (ISDN = Integrated Services Digital Network;
Dienstintegriertes Digitalnetz), kann deshalb nicht vor 1995
damit gerechnet werden, dass ein landesweites zusammenhängen-
des digitales Leitungsvermittlungsnetz auch für Teleinfor-
matikanwendungen zur Verfügung steht. Darüber hinaus werden
spezielle Anwendungen immer auch spezielle Einrichtungen erfordern, seien es zentrale Zusatzeinrichtungen zu IFS und gegebenenfalls spezielle Zusatznetze für die Telematik, sowie
spezielle Endgeräte.

[POSTULAT 5]

Die Zeitspanne von etwa 15 Jahren bis zum Aufbau eines landesweiten digitalen leitungsvermittelten Netzes für die Telefonie
und dafür geeignete Telematikdienste muss mit der raschen Errichtung eines speziell für die Datenübermittlung geeigneten
Netzes abgedeckt werden. Dieses Netz soll längerfristig in der
Lage sein, die mit IFS gegebenenfalls nicht zweckmässig abge-
deckten Dienstleistungen zu erbringen.

[KOMMENTAR 5]

<u>Figur 3</u> illustriert den IFS-Einführungsrhythmus. Erst Mitte
der Neunzigerjahre werden alle Fernmeldekreise IFS-Grundaus-
rüstungen besitzen.

[THESE 6]

Die Befriedigung von ganz spezifischen Kundenbedürfnissen durch
ein öffentliches Netz wäre unökonomisch und in vielen Fällen
praktisch unmöglich. Dies betrifft namentlich

- kundenspezifische Funktionen auf den anwendungsorientierten
  Ebenen der Datenübertragungsprotokolle

- anwendungsspezifische Endgeräte

Eine zu grosse Diversifizierung birgt die Gefahr in sich, dass
technische und betriebliche Mittel zersplittert und unwirt-
schaftlich eingesetzt werden.

POSTULAT 6

Das Angebot der PTT hat sich auf die Errichtung möglichst
weniger Basistransportnetze zu konzentrieren. Zu den Endgeräten hin sind wenige, normierte Schnittstellen zu definieren. Die Verwirklichung anwendungsspezifischer Funktionen ist
vor allem Sache der Teilnehmer, ebenso spezielle Verschlüsse-
lungsmassnahmen. Die PTT können jedoch - soweit dies wirtschaftlich ist und im öffentlichen Interesse liegt:

- Meldungsvermittlungssysteme und andere ähnliche Zusatzeinrichtungen zu den Basisnetzen errichten und betreiben.

- Die Festlegung und Verwirklichung eines Kryptosystems mit
  öffentlichem Schlüssel (Public Key Kryptosystem) unterstützen.

KOMMENTAR 6

Dieses Postulat ist von zentraler Bedeutung, indem angestrebt
werden soll, das ISO/CCITT-Modell für die Strukturierung von
Datenübertragungsprotokollen möglichst konsequent auch auf die
Gestaltung der Fernmeldenetze anzuwenden: Weitgehende Einheit-
lichkeit auf den unteren 3 funktionellen Ebenen (mit dem alles
verbindenden digitalen Uebertragungsnetz auf der untersten
Ebene), Vielfalt durch Ausfächerung der Möglichkeiten auf den
höheren Ebenen (Endgeräte, zentralisierte Spezialeinrichtungen
wie z.B. Meldungsvermittlung).

Die Beschränkung auf möglichst wenige Basistransportnetze ist
namentlich auch aus betrieblicher Sicht ein wirtschaftliches
Gebot, da entsprechend wenige verschiedene Betriebs- und War-
tungsorganisationen aufgezogen werden müssen.

THESE 7

Ein hierarchischer Aufbau des Uebermittlungsnetzes, welcher
sich an die international normierten Modelle für die Strukturierung von Kommunikationsprotokollen und -systemen anlehnt,
führt zu ökonomischen Lösungen, indem die Basisfunktionen möglichst vereinheitlicht werden, den diversen Benützerbedürfnis-
sen aber dank einer Vielfalt in der Peripherie und den zentralen Zusatzeinrichtungen entgegengekommen werden kann.

POSTULAT 7

7.1 Als Basis für alle neuen Uebermittlungssysteme im Tele-
    matikgebiet dient das einheitliche digitale Uebertragungs-
    netz, welches auf die PCM-Multiplexhierarchie abgestützt
    ist und noch über längere Zeit durch analoge Leitungen
    (Modems) ergänzt wird. Nach unten wird die PCM-Hierarchie
    um die Stufen 64 kbit/s und 2,4 kbit/s erweitert. Das di-
    gitale Netz ist transparent und wird mit Ueberwachungs-
    und Umschaltemöglichkeiten versehen. Darauf aufbauend wer-
    den einige wenige vermittelte Netze errichtet. Konkret er-
    gibt sich der folgende Plan für den Aufbau der entsprechen-
    den technischen Systeme:

7.2 Vermittlungssysteme für die Vermittlung transparenter
    Kanäle und aller notwendigen Betriebsfunktionen für Fehler-
    erkennung, -ortung und -behebung und Netzverwaltung. Ver-
    bindungsaufbau entweder durch eine PTT-Dienststelle, oder
    automatisch auf Anforderung durch Teilnehmer- oder Verbin-
    dungsleitungssignalisierung, mit oder ohne Wahlinformation:

    - konventionelle Telefonvermittlung, schrittweise abgelöst
      durch IFS

    - modernisiertes Telexnetz mit Erweiterung auf die
      Benützerklasse 300 bit/s

    - eventuell Leitungsvermittlung synchron für Daten höherer
      Bitraten, soweit nicht durch IFS abgedeckt.

7.3 Vermittlungssysteme für virtuelle Verbindungen, für Konver-
    sionsfunktionen, für Meldungsverarbeitung und -vermittlung
    etc. (z.B. Paketvermittlungssysteme mit PAD-Funktionen).

7.4 Spezielle applikationsspezifische Einrichtungen z.B.
    Datenbanken, Massenspeichereinrichtungen, Videotex-
    Zentralen, etc.

Diese technischen Mittel müssen in ihren Eigenschaften den
Bedürfnissen der Anwendungen genügen und aufeinander abgestimmt
sein. Einzelne der erwähnten Dienste und Verbindungsmöglichkeiten können jeweils mit einem bestimmten oder einer Kombination mehrerer dieser technischen Mittel realisiert werden.

---KOMMENTAR 7---

Anhand verschiedener Figuren kann hier gezeigt werden, wie
diese Postulate schrittweise verwirklicht werden. Figur 4
zeigt, dass mit dem Ausbaustand des digitalen Uebertragungs-
netzes Ende 1980 bereits nicht nur die Gebiete grosser Teil-
nehmerdichte (siehe Figur 2) erfasst werden, sondern auch
solche tieferer Priorität. Figur 5 fasst die Hierarchie und
die wichtigsten Schnittstellen, welche gegenwärtig für Miet-
leitungsteilnehmer angeboten werden, zusammen /3/.

Figur 6 zeigt, wie das Telexnetz durch die Einführung von vor-
derhand 5 elektronischen, speicherprogrammierten Zentralen gegenwärtig modernisiert und bezüglich Uebertragungsgeschwindigkeit erweitert wird /4/. Telexteilnehmer werden teilweise, in
Nachachtung von Postulat 2, bis auf Distanzen von 150 km über
Multiplexer an die neuen Zentralen angeschlossen. Als besondere Diensleistung wird den Telexteilnehmern auch eine Meldungsvermittlung angeboten, welche durch einen besonderen, in
Zürich an das Telexnetz angeschlossenen Knoten bewerkstelligt
wird (SAM = System für automatische Meldungsvermittlung).

Paketvermittlungsdienste werden in 2 Etappen eingeführt. Bereits in Betrieb stehen die Uebergangslösungen gemäss Figur 7,
mit welchen der Zugang zu den europäischen und nordamerikanischen Datenbanken sichergestellt wird. 1982 wird dann das na-
tionale Paketvermittlungsnetz TELEPAC gemäss Figur 8 in Betrieb kommen, welches später gemäss den Plänen der CEPT mit
andern nationalen Netzen im Ausland verbunden werden soll /5/.

Zur Abklärung der Benutzerbedürfnisse, namentlich auf Seiten
der Informationslieferanten, steht seit 1980 auch eine
VIDEOTEX-Pilotanlage in Betrieb, welche aber noch nicht dem
Datenkonzept entspricht (auf die langfristige technische Gestaltung dieses Dienstes soll in Kommentar 9 noch hingewiesen
werden).

---THESE 8---

Satellitensysteme eignen sich vor allem, um kurzfristig bereits
Dienste anzubieten, welche erst viel später gegebenenfalls mit
dem dienstintegrierten Netz (ISDN) verwirklicht werden können.
Sie eignen sich ferner zur Abdeckung spezieller, namentlich
breitbandiger und/oder temporärer Bedürfnisse, wie zum Beispiel für

- kombinierte Sprach/Daten-Uebertragung
- Fernsehkonferenzen
- Daten-Rundfunk
- Uebertragung grosser Dateien zwischen fest vorgegebenen
  Standorten (z.B. Kernforschungszentren)

Langfristig sind Satellitensysteme vor allem für interkontinentale Verbindungen prädestiniert.

| POSTULAT 8 |

Satellitensysteme sind womöglich von Anfang so einzusetzen, dass den Teilnehmern ISDN-Schnittstellen angeboten werden können. Sie können darüber hinaus für Sonderbedürfnisse, welche nur schlecht mit terrestrischen Mitteln befriedigt werden können, eingesetzt werden, zum Beispiel Fernsehkonferenzdienste.

| KOMMENTAR 8 |

Die Schweiz steht in Verhandlungen bezüglich Beteiligung an den europäischen Satellitensystemen ECS und TELECOM-1.

| THESE 9 |

Das im Teleinformatikgebiet notwendige breite Angebot an Dienstleistungen kann nur verwirklicht werden, wenn die technischen Mittel in ihren Eigenschaften den Bedürfnissen genügen und aufeinander abgestimmt sind. Verschiedene Dienste können nur durch den kombinierten Einsatz verschiedenartiger technischer Mittel oder Netze erbracht werden.

| POSTULAT 9 |

Die Zusammenarbeit zwischen verschiedenen technischen Systemen und den verschiedenen Netzen ist klar zu regeln, wobei die Verbindungsmöglichkeiten gemäss <u>Figur 9</u> vorzusehen sind.

| KOMMENTAR 9 |

Selbstverständlich muss die Figur 9 durch detaillierte Angaben über die einzelnen Verbindungsmöglichkeiten und entsprechende funktionelle und technische Spezifikationen ergänzt werden. <u>Figur 10</u> zeigt ein besonders instruktives Beispiel der in These 9 und in den vorangehenden Postulaten aufgestellten Grundsätze. Das Zusammenwirken des Paketvermittlungsnetzes (als Basisnetz für die Telematik) mit den Videotexzentralen (als speziellen Zusatzeinrichtungen) erlaubt es, beliebige Datenbanken unabhängig von ihrer Lage von beliebigen Teilnehmern aus zu weitgehend gleichen Bedingungen zu erreichen. Es ist dies ein sehr schönes Beispiel für die Untrennbarkeit von technischen und politischen Problemstellungen!

THESE 10

Die Datenübertragung ist heute in vielen Wirtschaftszweigen, bei öffentlichen Betrieben und in der Verwaltung zu einem lebenswichtigen Faktor geworden.

Für solche Kunden bedeutet der Ausfall einer oder gar mehrerer Datenverbindungen eine empfindliche Störung, wenn nicht sogar ein Zusammenbruch des Betriebs.

Diesem Umstand muss mit einer möglichst hohen Verfügbarkeit aller an einem bestimmten Kunden-Datennetz beteiligter Ausrüstungen Rechnung getragen werden.

Ausserdem zwingt die heutige Personalsituation die PTT zu einer möglichst weitgehenden Rationalisierung der betrieblichen Abläufe.

POSTULAT 10

Eine befriedigende Verfügbarkeit aus Kundensicht kann nur durch ein ausgewogenes Zusammenwirken der folgenden Komponenten erreicht werden:

1) Ueberwachung der Uebertragungsqualität sowie der Funktionsabläufe in Ausrüstungen und Anlagen

2) Angemessene Verfügbarkeit der einzelnen Ausrüstungen selbst

3) Netzgestalterische Massnahmen, wie z.B. die Bereitstellung von Ersatzleitungen, Mehrebenenbetrieb usw.

4) Bereitstellung effizienter Mittel für die Fehlereingrenzung

5) Organisatorische Massnahmen zur Minimalisierung der Zeitspanne zwischen Störungsmeldung und Fehlerbehebung

   Es gelten dabei folgende Grundsätze:

   - Alle zur Ueberprüfung des <u>Transportsystems</u> notwendigen Schritte werden durch die <u>PTT</u> unternommen.

   - Die End-zu-End-Ueberwachung der Datenfernverarbeitung ist Sache des Teilnehmers

Die PTT-Betriebe beabsichtigen, den Datenkunden einen 24-Stunden Wartungsdienst für das Transportsystem anzubieten. Dieser Wartungsdienst beinhaltet folgende Punkte:

- Entgegennahme sämtlicher Störungsmeldungen in Bezug auf das
  Transportsystem durch eine einheitliche Störungsmeldestelle.

- Eingrenzen der Störungen und Einleiten von Rekonfigurations-
  massnahmen.

- Störungsbehebung und Ueberprüfung der als gestört gemeldeten
  Funktion.

- Quittierung der Störungsmeldung.

Damit auf digitalen Mietleitungen ähnliche Wartungsmöglich-
keiten angeboten werden können wie auf Verbindungen von
öffentlichen Datenwählnetzen, sollen langfristig Netzüberprü-
fungsstellen geschaffen werden, die die Fehlerortung und
Kontrolle der fehlerfreien Bitübertragung bis zur Trennstelle
DCE-DTE ermöglichen sollen.

| KOMMENTAR 10 |

Ein erster Schritt ist mit der Einführung ferngesteuerter
Schlaufen in den Basisband-Datenanschlussgeräten GBM 9600 ge-
mäss Figur 5 gemacht worden. Der Aufbau von eigentlichen
Test- und Wartungszentren steht noch im Studium.

| THESE 11 |

Der Inhaus-Kommunikation wird in Zukunft auch auf dem Gebiet
der Teleinformatik eine grosse Bedeutung zukommen.

| POSTULAT 11 |

Es sind Schnittstellen zwischen Inhaus-Kommunikationssystemen
und öffentlichen Netzen derart zu schaffen, dass auch Endgeräte an den Hauszentralen mit solchen des öffentlichen Netzes
oder andern Hauszentralen verkehren können.

Hauszentralen sollen den Anschluss von Endgeräten für öffentliche Netze erlauben. Oeffentliche Netze sollten zusammen mit
den Inhaus-Kommunikationssystemen als Ganzes offene Netze bilden.

| KOMMENTAR 11 |

Die Erfüllung dieses Postulates bedarf noch eingehender Studien.

THESE 12

Die Komplexität der Teilnehmerschnittstellen in der Teleinformatik sowie deren Vielfalt setzt tiefgehende technische Kenntnisse beim Benützer voraus, wenn die neuen Mittel erfolgreich eingesetzt werden sollen.

POSTULAT 12

Die PTT müssen eine angemessene Kundenunterstützung auch im technischen Bereich sicherstellen.

KOMMENTAR 12

Sowohl die Leitungsvermittlung, noch ausgeprägter jedoch die Paketvermittlung, können als öffentliche Dienste nur sinnvoll zur Befriedigung von Datenübermittlungsbedürfnissen eingesetzt werden, wenn eine sehr enge Zusammenarbeit zwischen Benützern und dem Anbieter der Dienste stattfindet. Die funktionelle Kopplung zwischen den Benützersystemen (Banknetze, Daten-Fernverarbeitungssysteme, allgemein zugängliche Rechendienste, etc. und den Eigenschaften des öffentlichen Datennetzes ist viel enger und komplexer als das bei den bisherigen Realisierungen der Fall war. Dasselbe gilt für die eigentlichen Geräteschnittstellen (Anschluss einer Computeranlage, etc.). Die öffentlichen Netze müssen zudem leistungsmässig, z.T. aber auf funktionell, an die Anforderungen der Benützersysteme flexibel angepasst werden.

Erfolgreiche Dienstleistungen im Bereiche der Datenübermittlung setzen voraus, dass die Bedürfnisse und Aufgabenstellungen der Benützer analysiert und gemeinsam Lösungen konzipiert werden. Sehr weitgehend ist zu diesem Zweck auch eine Zusammenarbeit mit den Rechnerherstellern erforderlich, da bei den Benützern oft die Systemfachleute fehlen.

2 Die Entwicklung des Integrierten Fernmeldesystems (IFS)

Traditionell kommen in der Schweiz Telefonzentralen von drei
verschiedenen Lieferfirmen zum Einsatz. Stellt man deren verschiedenartigen Generationen und Typen in Rechnung, so stehen
gegenwärtig mehr als zehn verschiedene Zentralensysteme in
Betrieb. Um diese Vielfalt zu reduzieren, wurde Ende der
Sechzigerjahre ein für die damalige Zeit sehr mutiger Ent-
scheid gefällt:

- Entwicklung eines Einheitssystems durch eine Arbeitsgemein-
  schaft, bestehend aus den Zentralenlieferanten und den PTT.

- Wahl der integrierten digitalen Uebertragung und Vermittlung
  als grundlegende Arbeitshypothese.

Die Entwicklung und Einführung durchläuft grob folgende
Phasen:

70/72 Studien zur Erarbeitung der wichtigsten Systemmerkmale.

73/76 Entwicklung und Erprobung einer experimentellen
      Zentrale.

77/80 Weiterentwicklung, namentlich der Hardwareeinheiten,
      und Erstellung einer Musterzentrale in Bern, welche
      unter echten Betriebsbedingungen während 1½ Jahren
      getestet wird /8/.

81/87 Standortbestimmung;
      Revision der wichtigsten Konzepte und Arbeitshypothesen;
      soweit möglich Anpassung an neuesten technischen Stand;
      Umgestaltung der Entwicklungsorganisation im Hinblick
      auf die Fertigentwicklung und Fabrikation eines in-
      dustriellen Produktes;
      Inbetriebnahme der ersten serienmässigen Transitzentrale
      1985 und der ersten Ortszentrale 1986.

Für eine Darstellung der technischen Grundlagen des IFS-Systems
wird auf die Literatur verwiesen /6, 7/.

3 Dienstintegrierte Digitalnetze (ISDN)

3.1 Ein experimentelles System

Bei der Entwicklung des IFS war von allem Anfang an vorgesehen,
in späteren Schritten eine Ausdehnung auf Nicht-Telefonie-
dienste vorzunehmen. Das Fehlen stabiler internationaler Normen auf diesem Gebiet verbietet es aber vorläufig, an eine eigentliche Produkteentwicklung heranzugehen. Statt dessen wurde
mit der Entwicklung eines Bildschirmtelefons und eines experimentellen ISDN versucht, erste Erfahrungen mit einer konsequent
bis hin zum Teilnehmer geführten Dienstintegration zu sammeln.
Die Grundideen sind dabei:

- Zwei Teilnehmer können soweit wie möglich wie im direkten
  Gespräch bei gemeinsamer Benutzung einer Schreib- und Zei-
  chentafel kommunizieren.

- Beschränkung auf die Uebertragung stehender Bilder aus Rücksicht auf eine wirtschaftliche Uebertragungsgeschwindigkeit
  in einem vermittelten Netz.

Figur 11 zeigt das Prinzipschema des Bildschirmtelefons und
Figur 12 das zugehörige Versuchsnetz ./9/. Figur 13 zeigt
ausserdem ein Bild des neuartigen Endgerätes.

Gegenwärtig dient das Versuchsnetz der Kommunikation zwischen
drei an verschiedenen Standorten eingesetzten Entwicklungs-
gruppen. Es wurden bisher die folgenden ersten Erfahrungen gemacht:

a) die kombinierte Sprach-/Bildübertragung wird als grosse Be-
   reicherung der Kommunikationsmöglichkeiten empfunden.

b) die Möglichkeit, vom gleichen Endgerät aus auch auf Rech-
   nerdienstleistungen zugreifen zu können, wird geschätzt.

c) von grösster Wichtigkeit sind eine ergonomisch richtige Gestaltung des Endgerätes und zweckmässige, benutzerfreundli-
   che Bedienungsprozeduren. Fehler in dieser Hinsicht können
   einen an sich interessanten Fernmeldedienst unattraktiv
   machen.

d) mit der heute greifbaren Technologie ist es noch nicht möglich, derartige Endgeräte für einen breiten Benützerkreis
   preislich vorteilhaft zu bauen.

Die Versuche werden gegenwärtig fortgesetzt. Hauptfragestel-
lungen für weitere Entwicklungen ergeben sich natürlicherweise
aus den oben geschilderten Erfahrungen:

- Definition einer zweckmässigen Gerätereihe für verschiedenartige Benutzerkategorien; Kompromiss hinsichtlich der wider-
  strebenden, sich aus c) und d) ergebenden Ziele.

- Senkung der Kosten.

Sorgen bereitet ferner der Umstand, dass an sich verwandte
Normen für die Bild- und Zeichencodierung wie z.B. VIDEOTEX,
TELETEX usw. unter Umständen inkompatibel festgelegt werden.
Es sind also in der internationalen Normierungstätigkeit noch
grosse Anstrengungen notwendig, um eine Situation zu verhindern, bei der zukünftige Arbeitsplätze mit einer ganzen Reihe
von Telematikendgeräten "bereichert" werden - statt eines universell einsetzbaren Gerätes (vgl. b).

3.2 Stand der Normierung und Blick über die Grenzen

Dem Autor dieses Beitrages wurde die Aufgabe gestellt, die Ent-
wicklung dienstintegrierter Digitalnetze im gesamteuropäischen
Vergleich aufzuzeigen. Leider kann diese Aufgabe im heutigen
Zeitpunkt kaum befriedigend gelöst werden. Zwar ist von der
zuständigen Arbeitsgruppe der Konferenz der Europäischen
Postverwaltungen (CEPT) ein an sich weitgehend klares Konzept
für das ISDN aufgestellt worden /10/.
Die Ansichten bezüglich praktischer Realisierung und der Einführungsstrategie gehen aber immer noch weit auseinander.
Ausserdem konnte mit den aussereuropäischen Ländern im Rahmen
des CCITT noch keine befriedigende Uebereinstimmung in vielen
technischen Fragen gefunden werden. Ohne daher spezifisch auf
den Stand der Entwicklung in verschiedenen Ländern einzugehen,
soll im folgenden eine - nicht abschliessende - Liste offener
Fragen zusammengestellt werden:

1) Unklarheit besteht bereits hinsichtlich Umfang des ISDN.
   Die beiden Extremvorstellungen sind etwa

   a) Das ISDN ist einfach die Gesamtheit aller Kommunikations-
      netze

   b) Das ISDN enthält als Kern ein namentlich auf die Bedürf-
      nisse der Telefonie ausgerichtetes, leitungsvermittel-
      tes Basisnetz mit 64 kbit/s-Kanälen.

   Eine "mittlere" Vorstellung möchte das ISDN-Konzept auf
   eine einheitliche digitale Mehrzweckteilnehmerleitung beschränken, welche den gemeinsamen Zugang zu verschiedenartigen Netzen bildet.

2) Es ist offen, wie weit auch breitbandige Dienste einbezogen
   werden müssen. Wohl ist eine Integration auf der Teilnehmer-
   leitung - zum Beispiel mit dem Medium Glasfaser - denkbar;
   für vermittelte breitbandige Zweiwegkommunikation dürfte
   aber die wirtschaftliche Basis noch lange fehlen.

3) Vermehrt wird die digitale Sprachübertragung mit Bitraten
   kleiner als 64 kbit/s diskutiert; sollten derartige neue
   Verfahren bei der Telefonie Einzug halten, so wäre das Konzept eines universell greifbaren, digitalen vermittelten
   Kanals von 64 kbit/s gefährdet.

4) Die Rückwirkungen von Inhaus-Kommunikationssystemen auf
   das öffentliche Netz sind grösstenteils noch ungeklärt
   (Anschlussmöglichkeiten, Einfluss auf Protokolle).

5) Der "kleinste gemeinsame Nenner", also jene Dienste und
   Schnittstellen, welche dereinst wirklich weltweit angeboten werden können, ist noch nicht gefunden.

Dieser Fragenkatalog kann nur sehr rudimentär die gegenwärtige
Unsicherheit wiedergeben, mit der der ISDN-Entwickler konfrontiert ist. Es ist nur zu hoffen, dass ob der Diskussion
über die leider oft zu vielfältigen technischen Möglichkeiten
nicht die Chance vertan wird, die Grundparameter eines neuen,
später weltweit verfügbaren Kommunikationsnetzes noch recht-
zeitig festzulegen!

4 Literaturhinweise

/1/ A. Kündig, P. Burger: Telekommunikation morgen.
     Techn. Mitt. PTT 58 (1980) 10.

/2/ A. Kündig: Einführung in die Technik und das Konzept
     neuer Datennetze.
     Bull. SEV 71 (1980) 15.

/3/ R. Vallotton: Uebertragung synchroner Daten auf festge-
     schalteten Leitungen des Digitalen Fernnetzes.
     Bull. SEV 71 (1980) 15.

/4/ O. Studer: Das elektronische Telex- und Datenwählsystem
     (EDWA).
     Bull. SEV 71 (1980) 15.

/5/ J. Abt, M. Schaeren: Elektronisches Datenwählnetz mit
     Paketvermittlung.
     Bull. SEV 71 (1980) 15.

/6/ W. Suter: Die Systemgrundlagen des Integrierten Fern-
     meldesystems IFS.
     Techn. Mitt. PTT 55 (1977) 9.

/7/ K.E. Wuhrmann: Grundsätze und Hilfsmittel für Bedienung
und Unterhalt des Integrierten PCM-Fernmeldesystems IFS.
Techn. Mitt. PTT 56 (1978) 3, 4.

/8/ F. Zbinden: Die Betriebsversuche für das System IFS mit
dem Mustersteuerbereich.
Techn. Mitt. PTT 58 (1980) 8.

/9/ K. Waber: Digitalkonzentrator für ein PCM-Vermittlungs-
system.
Techn. Mitt. PTT 55 (1977) 4, 5.

/10/ T. Irmer: The International Approach to the ISDN -
Facts and Trends.
International Switching Symposium 1981, Montreal,
Beitrag 41 B2

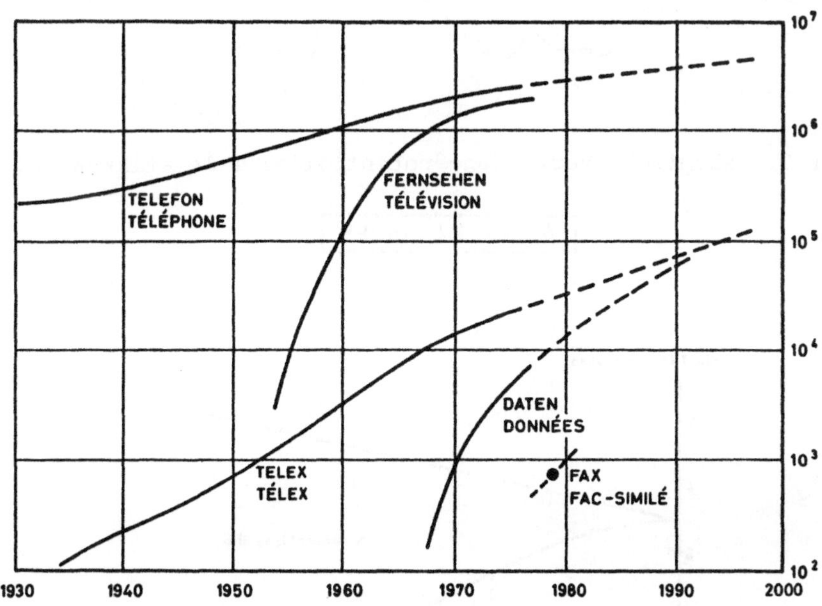

Figur 1. Ausbaustand der Fernmeldenetze in der Schweiz.

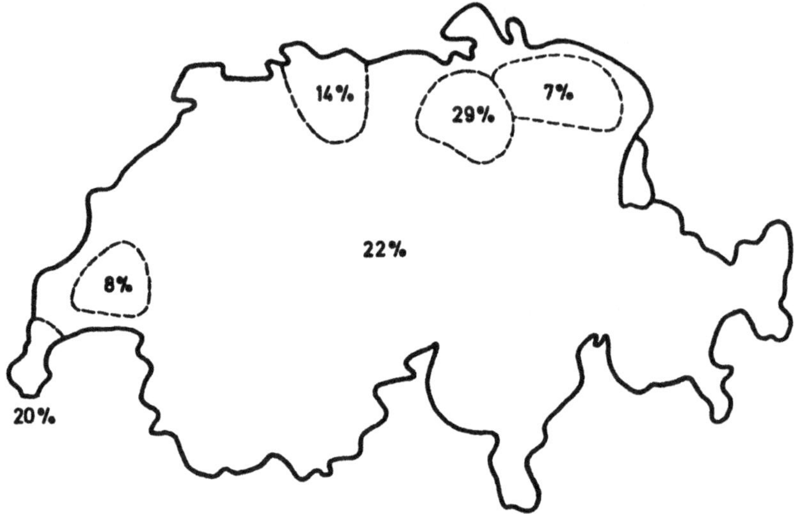

Figur 2. Räumliche Verteilung potentieller Telematikkunden.

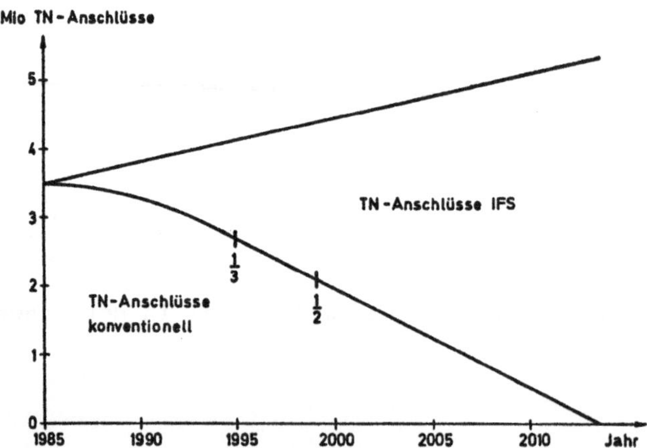

Figur 3. Wachstums- und erneuerungsbedingte Verbreitung der IFS-
Technik.

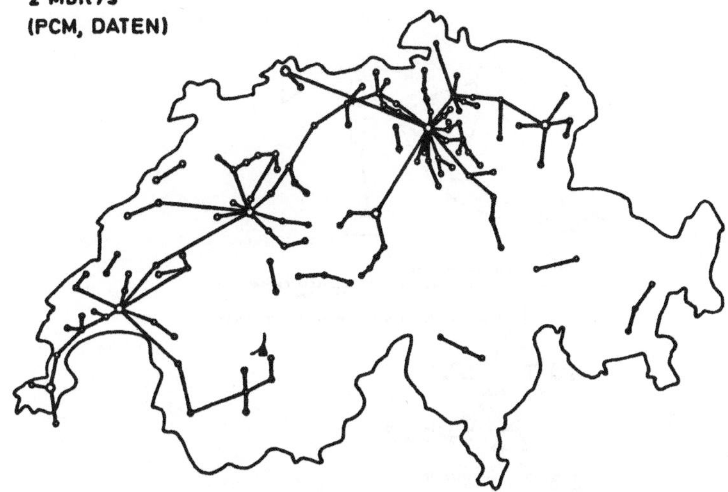

Figur 4. Ausbaustand des digitalen Übertragungsnetzes im Jahre 1980.

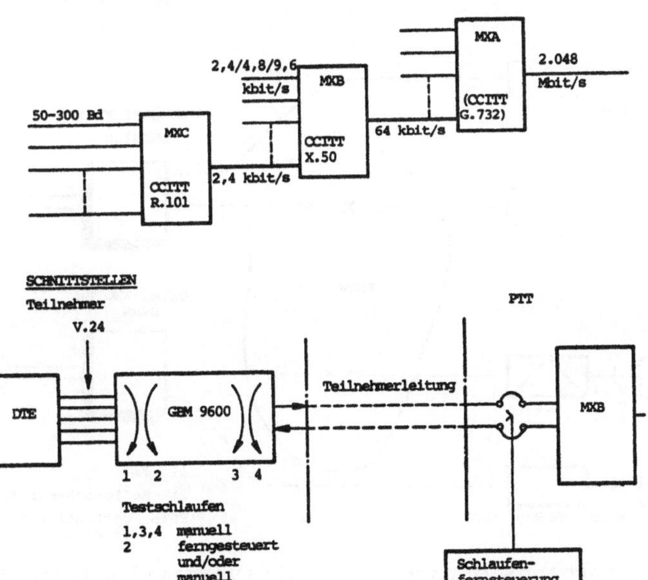

Figur 5. Multiplex-Hierarchie und wichtigste Schnittstellen.

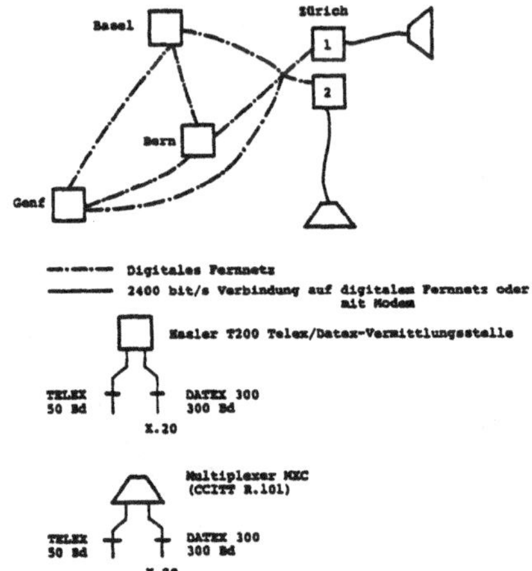

Figur 6. Erweiterung des konventionellen Telexnetzes durch voll-elektronische Telex/Datex-Vermittlungsstellen.

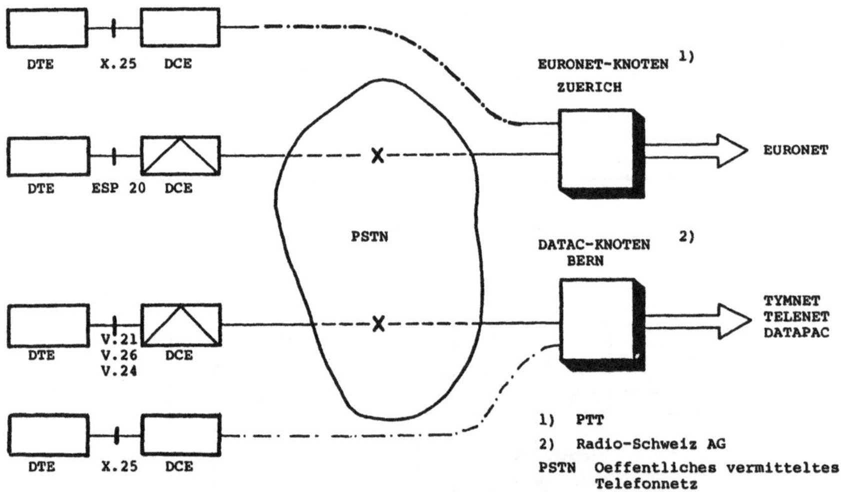

Figur 7. Übergangslösungen für Paketvermittlungsdienste mit Zu-gängen zu europäischen und nordamerikanischen Daten-banken.

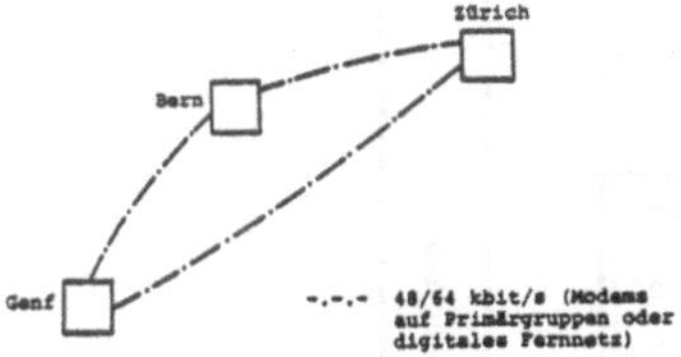

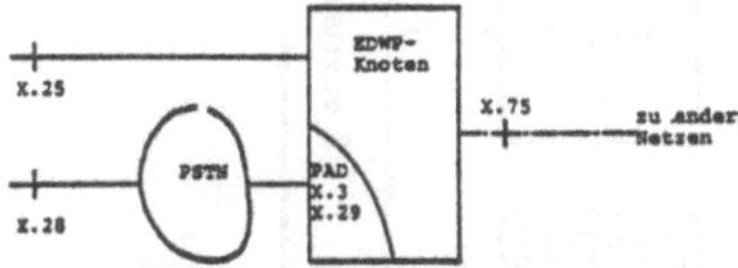

Figur 8. Nationales Paketvermittlungsnetz TELEPAC.

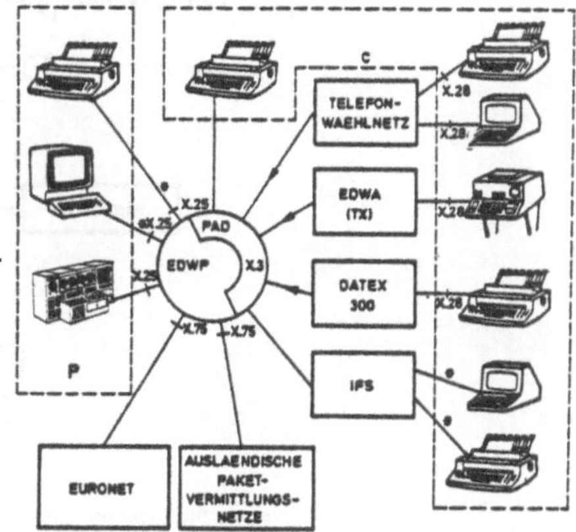

Figur 9. Verbindungsmöglichkeiten zwischen verschiedenen technischen Systemen und Netzen.

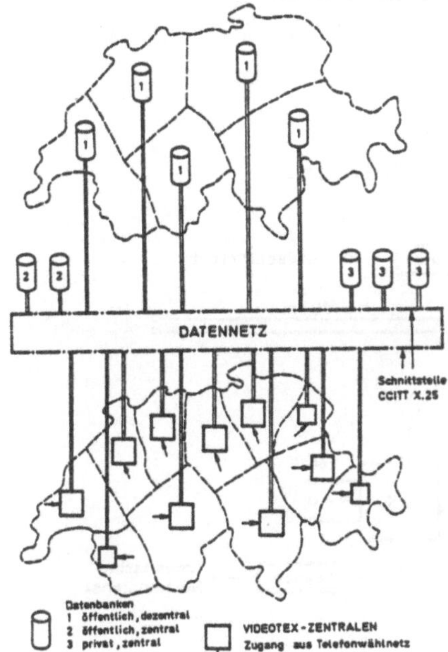

Figur 10. Datenvermittlungsnetz
als Basis eines nationalen Informationssystems.

VERSUCHSNETZ
(PRINZIP)

DK Digitalkonzentrator
o Bildschirmtelefon

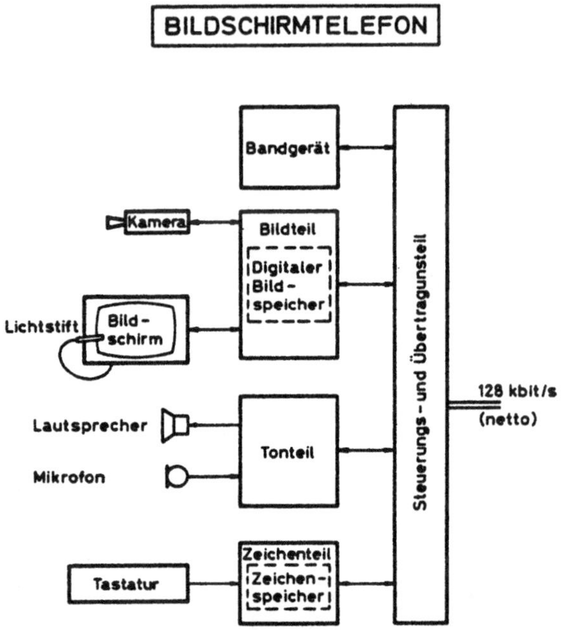

Figur 11. Modulares Bildschirmtelefon.

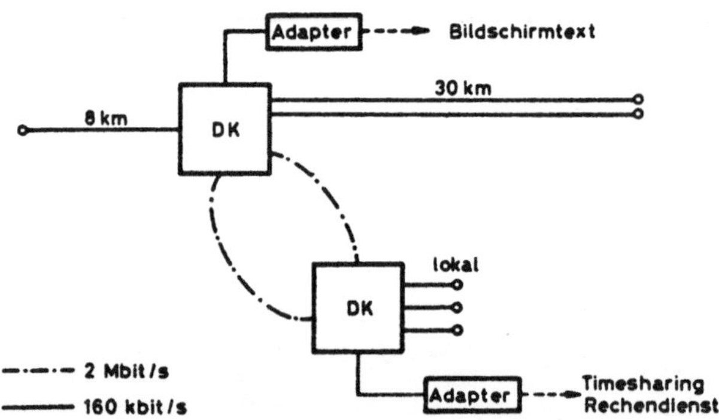

Figur 12. Bildschirmtelefon - Versuchsnetz.

Figur 13. Ausführungsbeispiel eines Bildschirmtelefons.

ENTWICKLUNGSSTAND VON NEBENSTELLENANLAGEN

Hermann Ruckdeschel

Siemens AG, München

Zusammenfassung: Bezüglich der innovativen Entwicklung lassen sich bei technischen Systemen Generationen unterscheiden. Anstöße für neue Systemgenerationen sind neue funktionelle Eigenschaften und/oder neue Technologien.

Auf Basis dieser Grundgedanken werden die heutige und die künftige Generation von privaten Vermittlungsanlagen vorgestellt und miteinander verglichen.

1 Aufgabe / Generationsbetrachtung

Nebenstellenanlagen sind private Vermittlungssysteme. Sie dienen Bild 1 entsprechend

- der innerbetrieblichen Kommunikation und
- der Kommunikation Nebenstellenteilnehmer
  - öffentliches Fernsprechnetz.

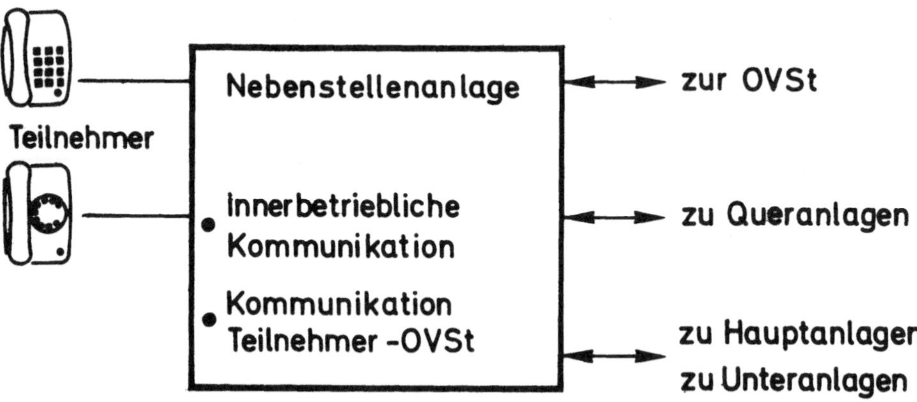

Bild 1. Kommunikationsaufgaben von Nebenstellenanlagen.

Wie bei anderen technischen Systemen

- Datenverarbeitungsanlagen
- Übertragungssystemen

lassen sich auch bei Vermittlungssystemen Generationen unterscheiden.

Gründe für die Entwicklung und Vermarktung einer neuen Systemgeneration sind

- der funktionelle Anstoß –
  neue Leistungsmerkmale für die Benutzer

- der technologische Anstoß –
  durch neue Technologien bessere und preisgünstigere Systeme für die Benutzer/Käufer.

2 Die IST-Generation von Nebenstellenanlagen

2.1 Allgemeine Betrachtungen

Die hier sog. IST-Generation privater Vermittlungssysteme wurde von allen wesentlichen anlagenbauenden Firmen in den beiden letzten Jahren auf den deutschen Markt gebracht.

FIRMA	ISTGENERATION	VORGENERATION
IBM	1750, 3750	–
SEL	UNIMAT	HERKOMAT
SIEMENS	EMS	ESK
T + N	6030	

Der funktionelle Anstoß war die Realisierung neuer Leistungsmerkmale für Benutzer und Betreiber.

Der technologische Anstoß war die Möglichkeit der Realisierung der Systemsteuerung durch kostengünstige hochintegrierte Rechnerbausteine (Mikroprozessoren, Speicher).

Fernsprech-Nebenstellenanlagen unterliegen den Be-
stimmungen der Fernsprechordnung (FO) der Deutschen Bundespost.
Als Geschäftsgrundlage regelt die FO benutzungs- und gebühren-
rechtliche Fragen. Über sogenannte Rahmenregelungen werden neue
Erkenntnisse und Techniken verwaltungsmäßig aufbereitet und er-
setzen schließlich die entsprechenden Artikel der FO. Für Anlagen nach bestehenden Vorschriften ist die Bezeichnung "Anlagen
nach Ausstattung 1" vorgesehen. Anlagen nach der Rahmenregelung
werden als "Anlagen nach Ausstattung 2" bezeichnet.

Die Deutsche Bundespost hat dem Erscheinen der neuen
Systemgeneration mit ihren vielfältigen Eigenschaften durch
Herausgabe einer entsprechenden Rahmenregelung Rechnung getragen. Besonders wichtig ist hier die Fixierung einer neuen Bau-
stufenordnung über das ganze Ausbauspektrum von Nebenstellenanlagen nach Bild 2.

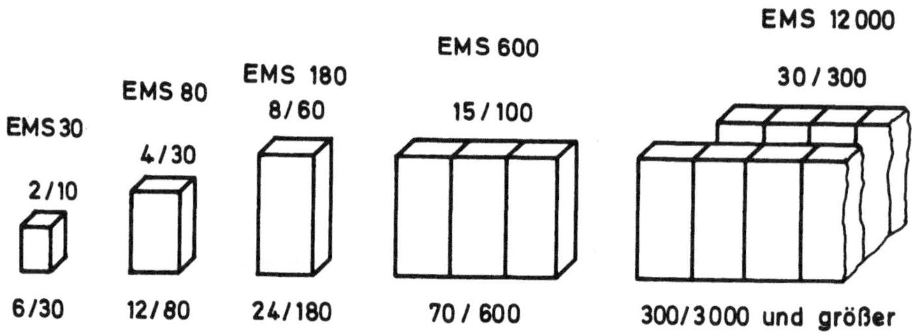

Bild 2. Anschlußkapazitätsbereiche in Amtsleitungen / Neben-
         stellenanschlüsse für neue Nebenstellenanlagen und
         zugeordnete EMS - Systeme. EMS: Elektronisches Mikro-
         rechnergesteuertes und Speicherprogrammiertes Telefon-
         system.

2.2   <u>Die neuen Leistungsmerkmale</u>

Der Benutzer, d.h. auch der Käufer, einer neuen Nebenstellenanlage sieht die Vorteile der neuen Generation

- in sehr günstigen sog. konstruktiven Eigenschaften (Bedarf an Fläche, Raum, Energie, Gewicht, Ansprüche an Klimatisierung) nach Tabelle 1.

MERKMAL	VORGENERATION (EMS) : ISTGENERATION (ESK)
• FLÄCHE	1 : 2
• VOLUMEN	1 : 3
• GEWICHT	1 : 3
• ENERGIEBEDARF	1 : 2

Tabelle 1. Konstruktive Verbesserungen von Nebenstellenanlagen, ESK: <u>E</u>delmetall <u>S</u>chnellkontakt

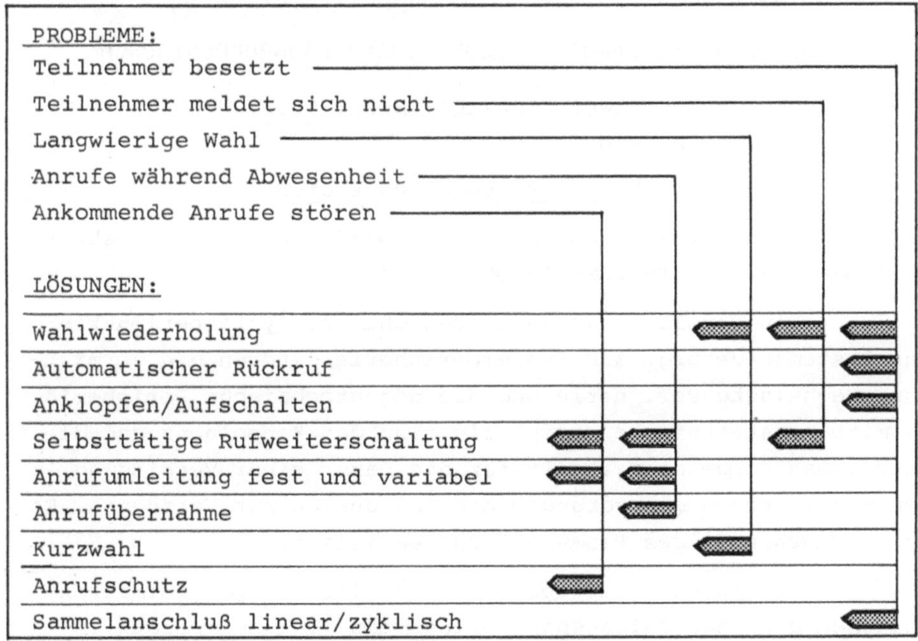

Bild 3. Erhöhter Telefonierkomfort durch neue Leistungsmerkmale.

- in erhöhtem Telefonierkomfort $\hat{=}$ neue Leistungsmerkmale (LM) nach Bild 3
  - zur Verschnellerung des Verbindungsaufbaus
    (Wahlwiederholung, Kurzrufnummern),
  - zur Erhöhung der Erreichbarkeit
    (Rückruf, Anrufumleitung).

Für den Betreiber - d.h. für das Personal der Montage
und Wartung - bieten die neuen Nebenstellenanlagen ebenfalls
viele neue vorteilhafte Eigenschaften.

- SCHNELLE MONTAGE DURCH LIEFERUNG KOMPLETT
  BESTÜCKTER UND GEPRÜFTER SCHRÄNKE (1000 AE: 2 TAGE)

- ABFRAGE UND ÄNDERN ALLER SYSTEMDATEN AUF HOHER
  LOGISCHER EBENE ÜBER KOMFORTABLE BEDIENGERÄTE
  MIT HILFE EINER BEDIENSPRACHE

- LOKALISIERUNG VON HARDWARE-STÖRUNGEN AUF DIE BAU-
  GRUPPE DURCH AUSDRUCK ENTSPRECHENDER SYSTEMMELDUNGEN

- HARDWARE-FEHLERBESEITIGUNG DURCH BAUGRUPPENTAUSCH

- PROBLEMLOSE ERWEITERBARKEIT BZGL. LEISTUNGSMERK-
  MALE UND AUSBAU

2.3 Die Architektur der großen Baustufen

Bild 4 zeigt das Blockschaltbild einer großen Nebenstellenanlage vom Typ EMS 12000.

Ein Vermittlungssystem besteht aus Systemperipherie
und Systemsteuerung. Zur Systemperipherie gehören die vermittlungstechnische Peripherie und die datentechnische Peripherie.
Vermittlungstechnische Peripherie sind das Koppelnetz und die
Sätze. Das Koppelnetz stellt für die Dauer einer Verbindung
den Weg zwischen den vorgegebenen Endpunkten zur Verfügung. Es
ist als mehrstufiges Raumvielfach realisiert.

Die Sätze vermitteln die Signalisierungsinformation
zwischen den angeschlossenen Teilnehmern (Teilnehmersatz,
Wahlaufnahmesatz, Internsatz), Systemen (Amtssatz, Quersatz,
HA-/UA-Satz) und der Systemsteuerung.

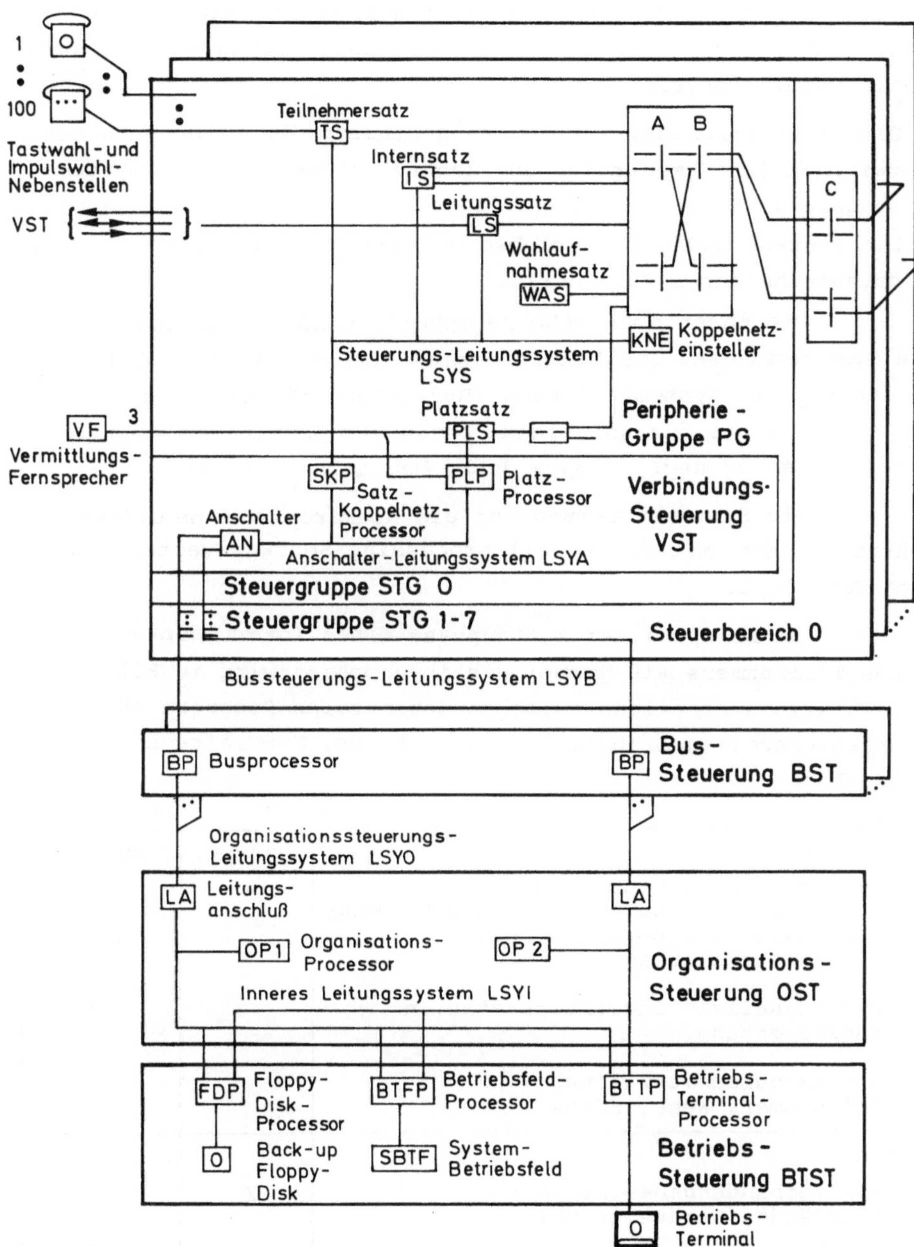

Bild 4. Blockschaltbild einer großen Nebenstellenanlage
vom Typ EMS 12 000.

- Die Prozessoren der Verbindungssteuerung (SKP und PLP) und
  der aktive Prozessor der Organisationssteuerung (OP) steuern
  die Vermittlungsabläufe.

- Die Prozessoren der Bussteuerung steuern den Datenaustausch
  zwischen den dezentralen und zentralen Rechnern der Systemsteuerung.

- Die Prozessoren der Betriebssteuerung steuern die Geräte der
  datentechnischen Peripherie.

Die datentechnische Peripherie sind die Geräte für
die Systemresidenz und Lokalprogramme (Floppy disk) und die
Geräte für die Systembedienung (Bedienfeld, Blattschreiber)
sowie die Geräte für anfallende Daten der Gebührenerfassung,
Verkehrsmessung usw. (Floppy disk, Magnetbandgeräte).

Die Systemsteuerung ist ein hierarchisch gestuftes
Mehrrechnernetz mit einer call processing Softwareverteilung
nach Tabelle 2.

Am Beispiel der Aufbauphase eines Interngespräches
eines Teilnehmers mit Nummernscheibenapparat wird in Bild 5
die Funktionsverteilung zwischen dezentralen Rechnern (SKP,
Gruppenrechner) und zentralem Rechner (OP, Zentralrechner) beschrieben.

Programme:	Gruppe	Zentrale
• zur Verbindungssteuerung Anreizbearbeitung, Einstellbearbeitung Zustandsermittlung, Tongabe, Ziffernspeicherung	X	
• zur Signalisierungsinterpretation Wahlbewertung		X
• zur Resourcenverwaltung Teilnehmer, Wege, Sätze		X
Daten:		
• zur Verbindungsbeschreibung (Zustände, Geräte, Wege)	X	
• zur Verbindungssteuerung		X
• zur Resourcenzustandsbeschreibung		X

Tabelle 2. Vermittlungssoftware - call processing

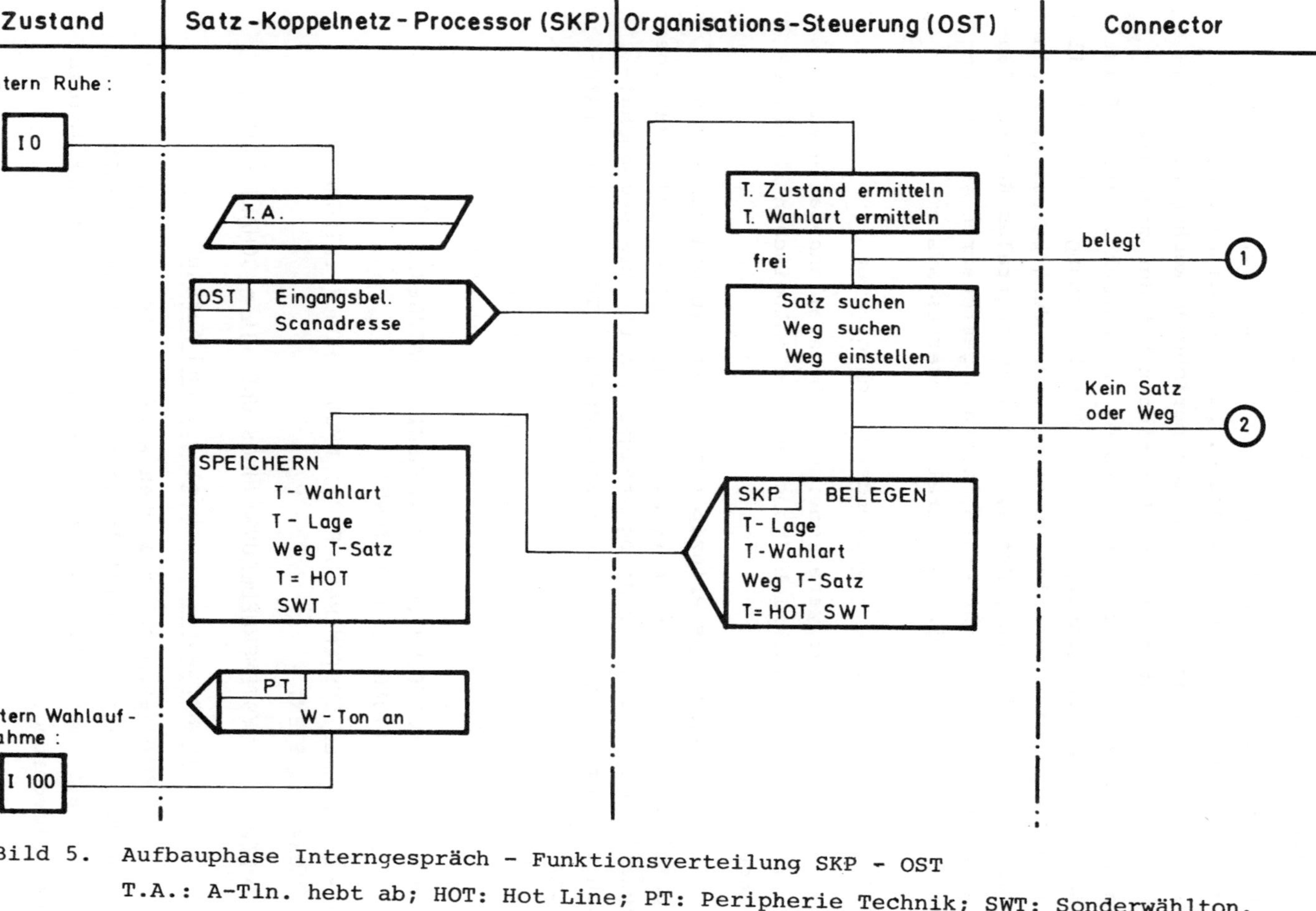

Bild 5.   Aufbauphase Interngespräch – Funktionsverteilung SKP – OST

T.A.: A-Tln. hebt ab; HOT: Hot Line; PT: Peripherie Technik; SWT: Sonderwählton.

Aus den Darstellungen ist folgendes zu sehen:

Die Programme zur eigentlichen Verbindungssteuerung (Führen
des Verbindungszustandes, Tongabe, Ziffernspeicherung, Ziel-
zustandsermittlung) laufen in den peripheren Rechnern. Bezüglich vermittlungstechnischer Funktionen hat der zentrale
Rechner nur die Aufgabe einer großen "Datenbank". Hier erfolgt
die Signalisierungsinterpretation (Wahlbewertung, Wahlkontrolle)
sowie die Verwaltung aller an einer Verbindung beteiligten Einrichtungen (Teilnehmer, Sätze, Wege). Im zentralen Rechner laufen keine prozessorientierten, zustandsgesteuerten Vermittlungs-
programme. EMS ist ein dezentral gesteuertes System.

2.4 Die Hardware - verwendete Technologien

Auf die Hardware moderner Nebenstellenanlagen wird
hier nur unter Berücksichtigung des technologischen Aspektes
eingegangen.

Es wurde das Prinzip realisiert, in den einzelnen
Funktionseinheiten dieser Vermittlungssysteme die nach Maßgabe
dynamischer, verlustleistungsmäßiger und übertragungstechni-
scher Anforderungen jeweils kostengünstige Technologie einzusetzen:

Die Hardware-Merkmale neuer Nebenstellenanlagen führen zu
einem gestuften Technologieeinsatz nach folgender Zuordnung:

- VERMITTLUNGSTECHNISCHE PERIPHERIE (SATZBEREICH): CMOS-
  VERLUSTLEITUNG, STÖRABSTAND;

- DEZENTRALE SYSTEMERNEUERUNG: NMOS- HOHER INTEGRATIONS-
  GRAD, KOSTEN;

- ZENTRALE SYSTEMERNEUERUNG: NMOS UND TTL - SCHALTZEITEN.

2.5 Die Software - Technologie und Aufbau

Die gesamten logischen Abläufe innerhalb der Systemsteuerung moderner Vermittlungsanlagen sind durch Software
realisiert. Der Aufbau dieser Software entspricht der folgenden Gliederung.

- GLIEDERUNG IN AUFGABENKOMPLEXE

  ORGANISATIONSTECHNIK OT   OPERATING SYSTEM
  VERMITTLUNGSTECHNIK VT   CALL PROCESSING SYSTEM
  LEITUNGSTECHNIK   LT   SIGNALLING SYSTEM
  BETRIEBSTECHNIK   BT   ADMINISTRATION AND
                            MAINTENANCE SYSTEM
  SICHERHEITSTECHNIK   ST   DEPENDABILITY SYSTEM

- INNERHALB DER AUFGABENKOMPLEXE GLIEDERUNG NACH LEISTUNGS-
  MERKMALEN, Z.B. FÜR DIE VT

      INTERNVERKEHR
      EXTERNVERKEHR GEHEND
      EXTERNVERKEHR KOMMEND
      TRANSITVERKEHR
      PLATZVERKEHR

- INNERHALB DER LEISTUNGSMERKMALE UNTERPROGRAMME, Z.B. FÜR DIE

      TEILNEHMERBEHANDLUNG
      WEGE-/SATZVERWALTUNG
      WAHLBEWERTUNG
      WAHLAUFNAHME, WAHLAUSSENDUNG
      ZEITMESSUNG

- MODULE ALS KLEINSTE SOFTWAREBAUSTEINE

Die Systemsoftware großer Baustufen hat einen Total-
umfang von z.B. 750 KB(10^3 Byte), entsprechend einem Entwick-
lungsaufwand von ca. 500 Mannjahren (MJ).

Die gesamte Softwarenmenge ist in vielen Stufen modular
gegliedert. In der obersten Stufe besteht eine funktionale Modularisierung nach Aufgabenkomplexen. Es wird zwischen den Programmen der

- Organisationstechnik OT = operating system,
- Vermittlungstechnik VT = call processing system,
- Leitungstechnik LT = signalling system,
- Betriebstechnik BT = administration and maintenance system und
- Sicherheitstechnik ST = dependability system

unterschieden.

Innerhalb der Aufgabenkomplexe sind die Programme entsprechend den sog. Leistungsmerkmalen weiter gegliedert. So werden z.B. innerhalb des Aufgabenkomplexes Vermittlungstechnik die Programme für

- den Internverkehr,
- den gehenden Externverkehr,
- den kommenden Externverkehr sowie
- die verschiedenen Platzverkehrsarten usw.

zusammengefaßt. Diese verkehrsspezifischen Programme besitzen viele gemeinsame Abläufe wie

- Teilnehmerbehandlung,
- Wege-/Satz-Suche und Freigabe,
- Wahlbewertung,
- Wahlaufnahme, Wahlaussendung,
- Zeitmessung usw. usw.,

die in weiteren Unterprogrammstufen realisierbar sind. Die kleinste Softwarenmenge ist ein Modul.
Ein Modul ist eine Übersetzungseinheit und realisiert einen ganzen oder nur den Teil eines funktionellen Ablaufs.

Die EMS Software besteht aus ca. 2500 Modulen à 300 Byte und ist im Assembler geschrieben. Zur Realisierung des Steuerflusses sind nur wenige, wohldefinierte Konstruktionselemente wie

- Befehlsfolge,
- alternative Verzweigung,
- Zählschleife,
- bedingte Schleife,
- ein- und zweifach indizierte Verzweigung,
- Unterprogramm-Sprung,

eingesetzt: Strukturierte Programmierung.

Die Konstruktionselemente werden durch sog. Struktur-
makros realisiert. Wo es dynamisch vertretbar ist, erfolgen die
Zugriffe auf die Daten innerhalb der Programme durch sog. Daten-
zugriffsprozeduren. Dadurch existiert eine weitgehende Entkopp-
lung zwischen Code und Speicherlayout.

Entsprechend den Forderungen moderner Softwaretechnologie erfolgte die Softwareentwicklung in wohldefinierten
Schritten (Phasen, Meilensteine), die sich wie folgt quantisie-
ren lassen:

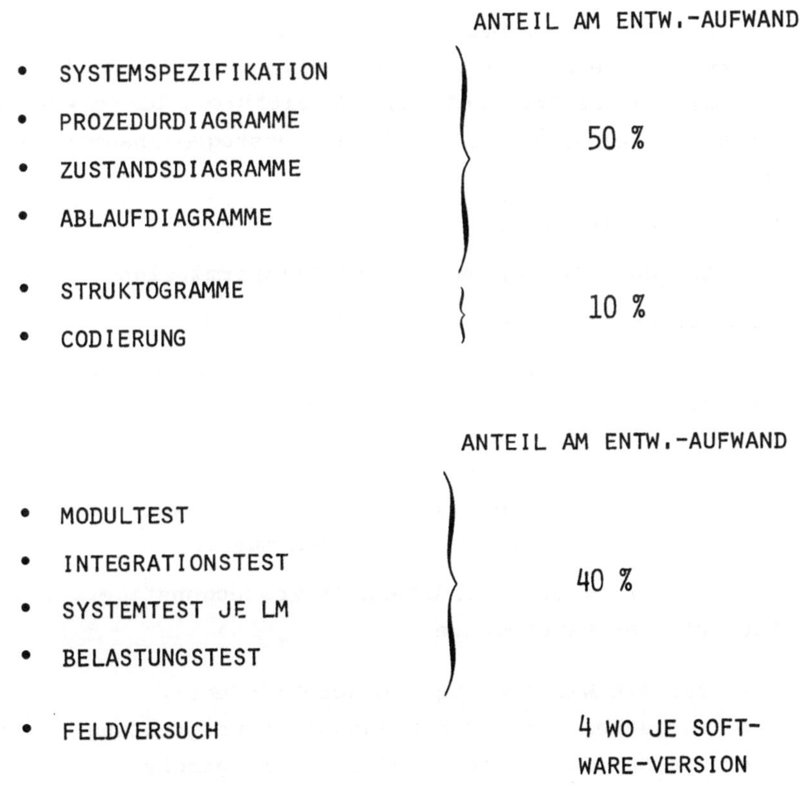

Nach jedem Schritt wurden die Ergebnisse durch Inspektionen
kontrolliert.

3   <u>Die Folgegeneration von Nebenstellenanlagen</u>

Die Generationslebensdauer technischer Systeme nimmt ab. Die Folgegeneration von Nebenstellenanlagen kündigt sich bereits an.

Ihr funktioneller Anstoß kommt aus der Forderung nach neuen Diensten aus Gründen der Arbeitsrationalisierung im Büro. Die Abläufe im Büro effektiver zu gestalten, heißt die Kommunikationsmöglichkeiten zu verbessern. Neben das Kommunikationsmedium Sprache tritt verstärkt der Informationsaustausch über Text, Daten, Bild.

Jeder Arbeitsplatz im Büro erhält eine funktionsorientierte und deshalb multifunktionale Terminalausstattung (Chef, Fachmann, Sachbearbeiter, Schreibbüro). Diese werden von der Nebenstellenanlage in einem dienstegemeinsamen Netz vermittelt.

Durch die Aufgabe der

Sprach-, Text-, Daten- und Bildvermittlung

wird die Fernsprech- zur Fernmeldeanlage.

Eine solche Diensteintegration innerhalb eines Vermittlungssystems ist nur dann funktions- und kostengünstig zu realisieren, wenn die Informationsdarstellung innerhalb der Dienste einheitlich ist, d.h., da Text- und Dateninformationen in der Regel digital übertragen werden, daß auch Sprache und Bildinformationen digitalisiert werden müssen.

Auf Grund der Verfügbarkeit kostengünstiger, weil hochintegrierter Bauelemente

- zur A/D-Wandlung von Sprache (Kodecs),
- zur dabei notwendigen Bandbreitenbegrenzung (Filter),
- zur Speicherung digitalisierter Sprache (Sprachspeicher),
- zur 2/4-Draht-Wandlung bei Einsatz analoger Fernsprecher,

wird eine digitale Sprachvermittlung auf Basis einer Pulscodemodulation wirtschaftlich machbar (Technologischer Anstoß für die neue Systemgeneration)

3.1   <u>Die Dienste, Leistungsmerkmale und Endgeräte der</u>
          <u>neuen Nebenstellengeneration</u>

Aus der Sicht des Benutzers lassen sich die neuen
Teilnehmerleistungsmerkmale an Hand des Bildes 6 folgendermaßen
einteilen:

• Zunächst ist zwischen verschiedenen Kommunikationsformen
  zu unterscheiden: Sprache, Text, Daten, Festbild, Bewegtbild. Diese ergeben sog. Dienstegruppen bzw. Dienste.

• Die Dienste werden durch Leistungsmerkmale
  - z.B. für schnelleren Verbindungsaufbau oder bessere
    Erreichbarkeit - unterstützt:

    Kurzruf, Rückruf, Rundsenden usw.

• Werden dienstespezifische Informationen von der Fernmeldeanlage nur einfach vermittelt (durchgeschaltet), spricht man
  von Durchschaltediensten.

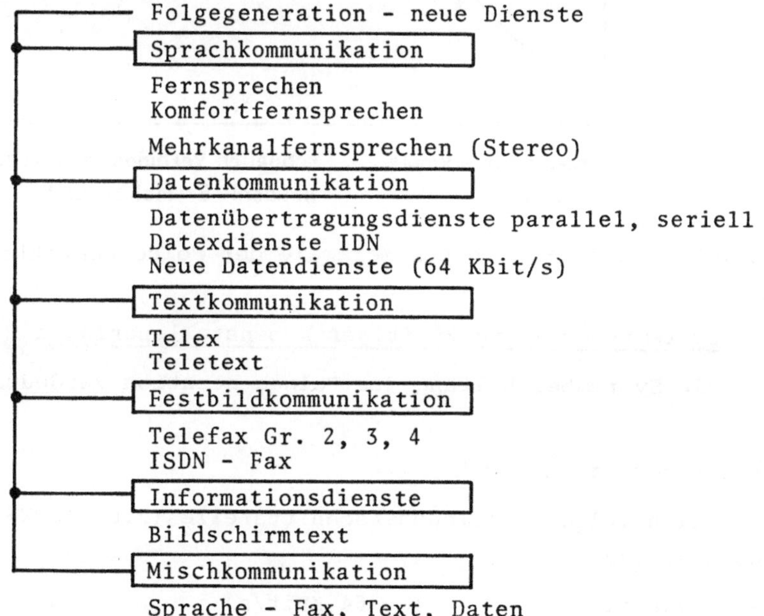

Bild 6. Neue Leistungsmerkmale aus der Sicht des Benutzers.

Werden die Informationen dagegen zwischengespeichert und bearbeitet, spricht man von Speicherdiensten. Neue Nebenstellenanlagen bieten die Anschaltung von Endgeräten verschiedener Funktion (z.B. Fernsprechapparate und Faxgeräte) unter einer Rufnummer. Es entsteht die Möglichkeit der Mischkommunikation, wie sie in Bild 7 zum Ausdruck kommt. Im einzelnen heißt das z.B.: Teilnehmer A spricht mit Teilnehmer B, gleichzeitig schickt Teilnehmer C an Teilnehmer A ein Festbild (Fax).

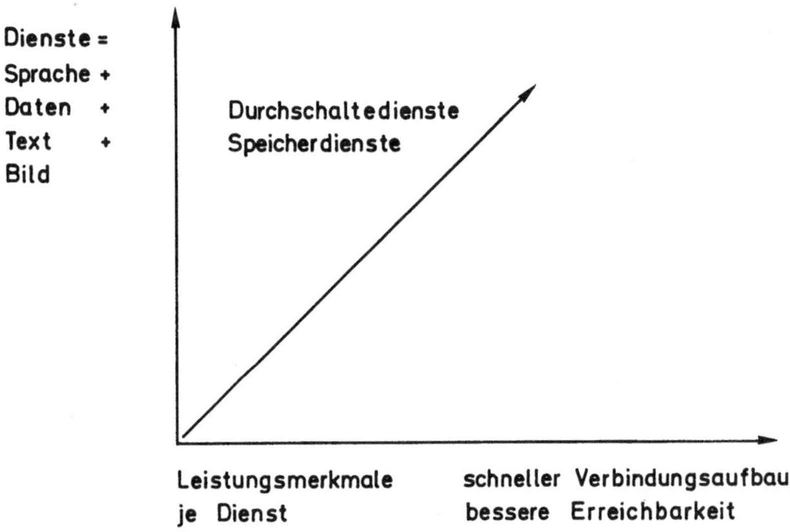

Bild 7. Gliederung neuer Merkmale der Folgegeneration.

3.2 Systembeschaltung künftiger Nebenstellenanlagen

Die Systembeschaltung der Folgegeneration verdeutlicht Bild 8.

- Geräteseite

Über eine einheitliche Teilnehmerschnittstelle (z.B. ISDN-Normungsvorschlag

- Nutzkanal $b = 64$ KBit/s
- Zusatznutzkanal $b'= 8$ KBit/s
- Signalierungskanal $\Delta = 8$ KBit/s)

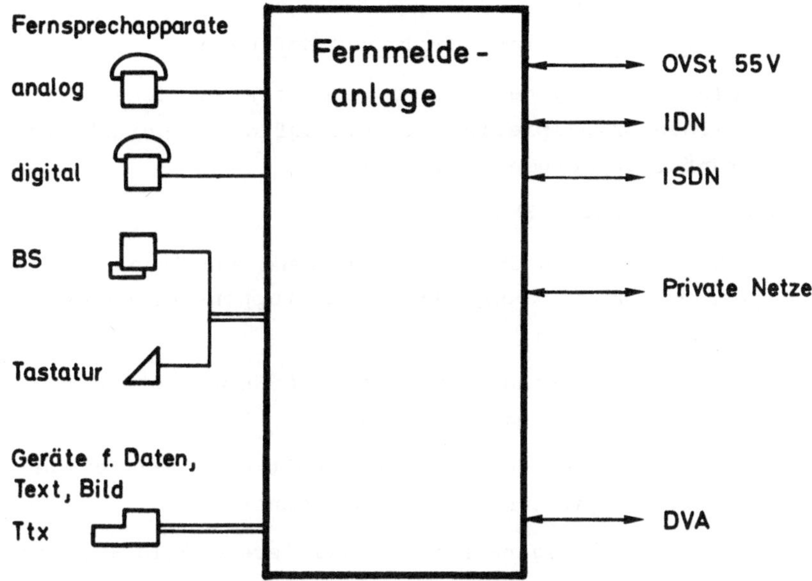

Bild 8. Systembeschaltung der Folgegeneration.

sind die Geräte für die verschiedenen Dienste an die System-
eingänge angeschaltet.

• Leitungsseite

Über Bündel mit entsprechenden Signalisierungen (Protokollen)
bestehen Verbindungen zu

- anderen privaten Systemen (Nebenstellenanlagen,
  local networks, Datenverarbeitungsanlagen)

- zum öffentlichen Fernsprechnetz,

- zum IDN,

- zum ISDN.

Trotz der Unterstützung neuer Dienste bleibt die
Hauptkommunikationsform die Sprache. Etwa 80% aller angeschalte-
ten Endgeräte werden Fernsprechapparate (analog und digital)
sein. Mit Abstand folgen Teletext- und Faxgeräte. (Sprachbeglei-
tende Kommunikation)

3.3   Systemarchitektur, Hardware, Software

Die Forderung nach einer integrierten Dienstevermitt-
lung hat keinen prinzipiellen Einfluß auf die Architekturge-
staltung künftiger Fernmeldeanlagen.

Strukturen gemäß heute EMS 12000

- mit dezentralen Gruppen, bestehend aus Gruppenperi-
  pherie (Sätze, Koppelnetz) und Gruppensteuerwerk
  (Groupprocessor),

- mit gruppenverbindendem zentralem Koppelnetzteil
  (central switching network),

- mit irgendwie redundant (gekoppelt oder n+1) ausge-
  legtem Zentralrechner (central control)

können auch diese Folgegeneration realisieren. Bild 9 veranschaulicht diesen Sachverhalt.

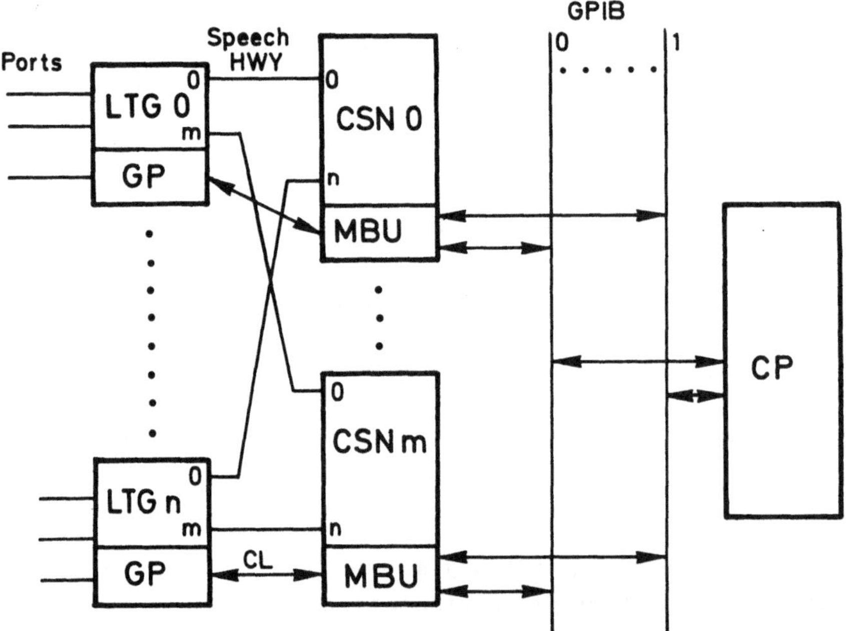

Bild 9.   Prinziparchitektur einer großen Nebenstellenanlage der
          Folgegeneration. LTG: Line Trunk Group, GP: Group-
          Processor, CSN: Central Switching Network, MBU: Message
          Buffer Unit, HWY: Highway, GPIB: General Purpose Inter-
          face Bus.

Typische Unterschiede zur IST-Generation EMS sind:

- Das Koppelnetz ist digital. Es ist z.B. durch reine
  Zeitstufen realisiert.

- Das Koppelnetz ist nicht transparent für die Signalisierung. Der Logikaufwand zur Trennung der Signalisierung von der Nutzinformation ist daher an der Teilneh-
  merseite (digitale und analoge Teilnehmerschaltungen)
  und nicht wie bei EMS bereits nach einer Konzentration
  aufzuwenden.

- Im Steuerungsbereich wird die nächste Generation
  hochintegrierter Schaltkreise

    - Protokollwandler,
    - mächtige 16/32 Bit Zentraleinheiten
      (Folgegeneration von z.B. INTEL 8086)
      mit hochintegrierten, stark ausgebauten
      Speichern (256 KBit RAM, Ausbau z.B. 8 MB)
  eingesetzt.

- Neue kostengünstige Externspeicher und andere E/A-
  Geräte

    - Festplatten
    - bubble-Speicher
    - Bildschirme

  unterstützen Externspeicherprogrammierung und Systembedienung.

Softwaretechnologie und Softwarerealisierung ändern
sich ebenfalls nur evolutionär und nicht prinzipiell. Die ge-
schilderte prinzipielle Einteilung in Aufgabenkomplexe bleibt
bestehen. Zum callprocessing für Sprache kommen die entsprechend
anderen Prozesse für die neuen Kommunikationsarten Text, Daten,
Bild. Leitungsvermittelte Dienste werden die vermittlungstechnische Software heutigen Funktionsumfangs weniger beeinflussen
als Speicherdienste.

Einen wesentlichen Einfluß auf die Softwareentwicklung
wird der Einsatz von höheren Programmiersprachen (z.B. CHILL)

haben. Es treten dabei die bei der kommerziellen Datenverarbeitung schon lange bekannten Vor- und Nachteile auf.

Vorteile:

- Kürzere Entwicklungszeiten in den Phasen Codierung und Test,

- qualitativ höherwertige Programme nach der Testphase (kleinere Restfehlermenge),

- wartungsfreundlichere Programme,

- Portabilität.

Nachteile:

- Erhöhter Speicherbedarf,

- Performanceverlust,

- Erhöhte Supportkosten während der Entwicklung (Teuere Tools, Rechenzeiten).

DIGITALE FERNSPRECHVERMITTLUNGSTECHNIK -
EINFLUSS DER TECHNOLOGIE UND DER BETRIEBLICHEN
ANFORDERUNGEN AUF DIE SYSTEMARCHITEKTUR

Dr.-Ing. Manfred Langenbach-Belz

Standard Elektrik Lorenz AG (SEL),
Stuttgart

Zusammenfassung: Digitale Vermittlungs- und Übertragungstechnik werden die Basis der nächsten Generation von Kommunikationsnetzen (z.B. Fernsprechnetze) sein und zu sogenannten "Integrierten Digitalen Netzen" führen.

Während in der Übertragungstechnik bereits seit längerer Zeit digitale PCM-Systeme zum Einsatz gebracht werden, war in der Vermittlungstechnik seither die wirtschaftliche Realisierung von digitalen Vermittlungsstellen, welche alle Einsatzfälle abdecken, ein Problem. Die schnelle technologische Entwicklung ermöglicht aber, daß heutzutage weltweit mit Hochdruck an der Entwicklung digitaler Vermittlungsstellen gearbeitet wird.

Es wird die zukunftsorientierte Architektur digitaler Vermittlungssysteme unter Berücksichtigung der Vorteile und Probleme einer raschen technologischen Entwicklung sowie der kundenorientierten betrieblichen Anforderungen behandelt.

Als Beispiel für ein reales digitales Vermittlungssystem wird "System 12" der SEL vorgestellt.

1   Einführung und historischer Rückblick

Die traditionell grundlegende Aufgabe der Nachrichten-Vermittlungstechnik ist das Herstellen einer Verbindung zum Nachrichtenaustausch zwischen einem rufenden und gerufenen Teilnehmer. Dabei ist zwischen zwei Informationsarten, nämlich der sogenannten Nutzinformation und der Steuerinformation, zu unterscheiden. Die Nutzinformation beinhaltet Nachrichten, die Teilnehmer austauschen, unabhängig davon, ob diese Teilnehmer Menschen oder Maschinen sind. Die Steuerinformationen hingegen beinhalten alle für den Verbindungsauf- und abbau benötigten Einstell- und Zustandsinformationen. Die unterschiedliche Zweckbestimmung beider Informationsarten wird durch Bild 1 veranschaulichend zusammengefaßt. Die Steuerinformation passiert das Netz in zeitlicher und frequenzmäßiger Trennung im Nutz-

kanal (Fall A)) oder über getrennte und zentralisierte Daten-
kanäle (Fall B)).

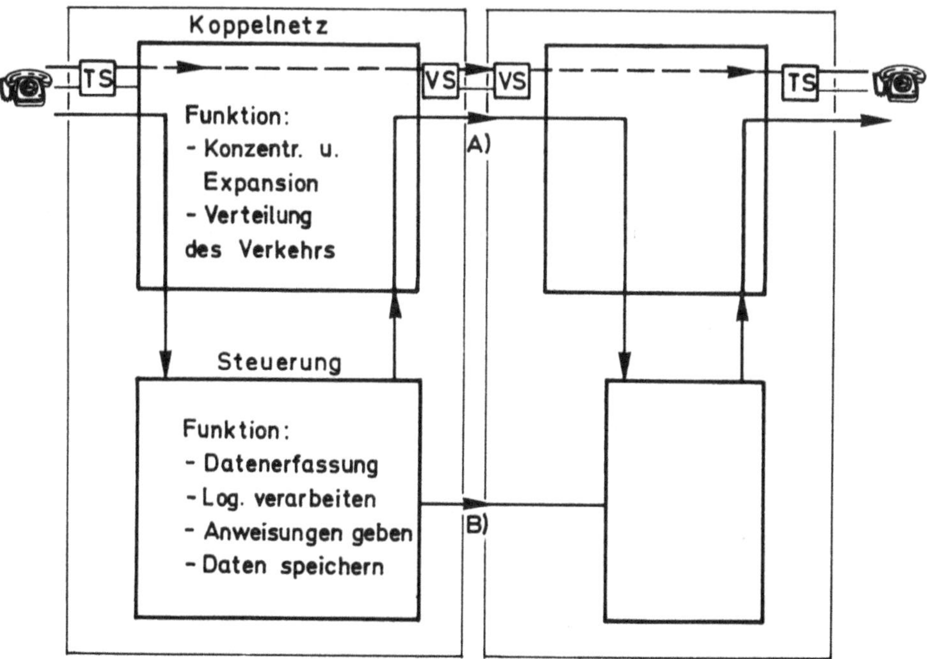

Bild 1. Unterscheidung der Informationstypen:
  - - ► Nutzinformation (Gespräche, Datenaustausch...),
  ──► Steuerinformation zum Verbindungsaufbau- und Abbau:
     A) Mitbenutzung des Nutzinformationsweges, B) Steuerwege
     von Nutzinformationswegen getrennt (z.B. Zentrale Sig-
     nalisierungskanäle).

Im Nutzübertragungspfad zwischen den schließlich verbundenen
Teilnehmerstationen liegen noch Teilnehmerschaltungen (TS) und
Verbindungssätze (VS), die eine Abfrage von Schleifenzuständen
bzw. Speisungs-, Schleifenüberwachungs- sowie Aufgaben der
Rufabschaltung und ggf. Gebührenimpulseingabe übernehmen. Der
hierbei auftretende Meldungsaustausch wird im Beitrag von
P. Kühn eingehender veranschaulicht.

Tabelle 1 verdeutlicht an Hand eines schwerpunktmä-
ßigen Rückblickes die Entwicklung vermittlungstechnischer
Einrichtungen mit unterschiedlicher Steuerungs-Ausstattung.

(Ab ca.)	Prinzip	Steuerung	Koppelnetz
1880	Handvermittlung	Mensch	Steckkabel
1900	Direktwahlsystem 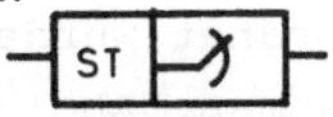	Dezentral (pro Wähler)	Elektromech. Anal. Raum- vielfachtechnik
1920	Registersyst. (indirekt gesteuerte Systeme) 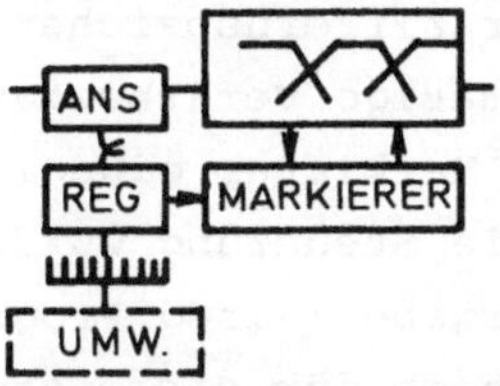	Teilzentral	Elektromech. Anal. Raum- vielfachtechnik
1960	Zentralgest. Syst. mit fest ver- drahteter Steuerung 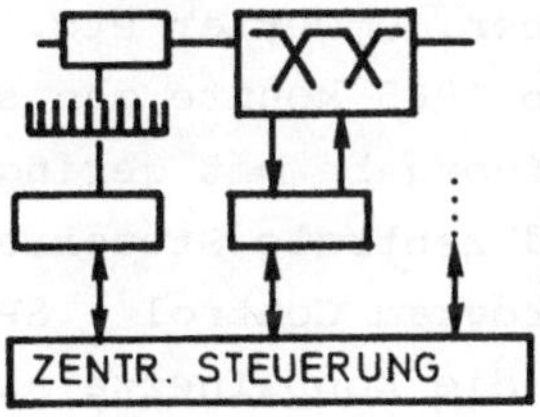	Zentralisiert fest verdr. in Hardware	Elektromech. (elektronisch) Anal. Raum- vielfachtechnik
1965	Zentralgesteuerte Systeme mit Speicherprogr. Steuerung	Zentralisiert Prozess- rechner	Elektromech. Elektronisch Anal. Raumviel- fachtechnik, Dig. Zeitvielfach- technik
1980	Rechnergesteuerte Systeme mit verteilter Steuerung	Dezentralisiert (Teilzentral) mit Mikro- prozessoren	Elektronisch Digit. Zeit- vielfach- technik

Tabelle 1. Historie der Vermittlungstechnik. ST: Steuerung; ANS: Anschaltesatz; REG: Register; UMW: Umwerter.

Eine sehr hohe Zuverlässigkeit, ohne "hot stand by" und mit
Leistungsmerkmalen, die manche heutigen Vermittlungssysteme
nicht erreichen, wurde nach der Erfindung des Telefons im
Jahre 1871 durch Alexander Graham Bell durch das Prinzip der
Handvermittlung erreicht. Das Koppelnetz waren hierbei Steckverbindungen, die Steuerung der Mensch. Ab 1900 entstanden dann
die ersten Direktwahlsysteme, bei denen die Steuerung den einzelnen Wählern dezentral zugeordnet wurde, die eine schritt-
haltende Wegeeinstellung vornahmen. Ab 1920 etwa ging man dazu
über, die Steuerfunktionen weiter zu zentralisieren. Die Einführung elektromechanischer Ziffernspeicher (Register) erlaubte hierbei eine gedächtnismäßige Verarbeitung der Steuerinformation und über sogenannte Markierer eine indirekte Wegedurch-
schaltung im Koppelnetz. Die Steuerung wurde teilzentral mit
fest verdrahteter Ablaufvorgabe (Wired Program Control - WPC)
betrieben. Dies galt auch noch für die ersten durch weitere
Zentralisierung der Markierer, Umwerter etc. geschaffenen zentralgesteuerten Systeme. Ab 1965 konnte man sich von dieser
äußerst vielfältigen Ablaufvorgabe mit geringen Standardisie-
rungsaussichten trennen und zentrale Steuerrechner mit gespei-
chertem Programm (Stored Program Control - SPC) einsetzen. Bis
zu diesem Zeitpunkt wurden die Koppelnetze nahezu ausnahmslos
mit elektromechanischen Koppelelementen realisiert. In den
sechziger Jahren wurden jedoch wiederholt Versuche unternommen,
elektronische Koppelnetze, beispielsweise mit Transistorschal-
tungen für Vermittlungsanlagen zu entwickeln und ggf. im Zeitvielfach effizient einzusetzen. Es gelang damals nur nach bit-
teren Anfangserfahrungen, Raumvielfach-Koppelnetze mit Analog-
signalübertragung hoher Störspannungsfestigkeit und Neben-
sprechdämpfung zur Serienreife zu bringen. Es gab auch erste
Versuche mit digitaler Zeitvielfachtechnik, die erst in den
siebziger Jahren zu serienfähigen Koppelnetzwerken führten.

Erst in den letzten Jahren wurden indessen umfangreiche Entwicklungen, insbesondere bei der SEL und im Firmen-
verband ITT (International Telephone and Telegraph Corporation)
durchgeführt, bei denen man das Prinzip der Zentralsteuerung

wieder verließ. Seit 1980 gibt es daher rechnergesteuerte Systeme mit verteilter Steuerung. Das Koppelnetz arbeitet dabei vollelektronisch mit Puls-Code-Modulation (PCM) im Zeitvielfach und die Steuerung teilzentralisiert mit Mikroprozessoren. Tabelle 1 drückt zusammenfassend aus, daß während der etwa hundertjährigen Geschichte der Vermittlungstechnik fortwährend versucht wurde, dem steigenden Fernsprechverkehr durch effizientere Technologien und Schaltnetzwerkstrukturen zu begegnen. Nach einer langzeitigen Dominanz elektromechanischer Koppelnetze ermöglichen in den achtziger Jahren hochintegrierte Schaltkreise den Weg zu neuartigen Automatenstrukturen mit digitaler Zeitmultiplex-Signalübertragung für die Nutzinformation und den Meldungsaustausch. Die übertragungs- und vermittlungstechnischen Grundlagen hierzu werden im Beitrag von P.R. Gerke erläutert.

2   Technologische Aspekte

Wenden wir uns nun den Aspekten zu, die zu heutigen, modernen Systemarchitekturen führen. Der Entwurf künftiger Systeme kann sich an folgenden Punkten orientieren:

- Zukünftige Trends der Technologie,
- Künftige Kommunikationsnetzkonzepte,
- Relativ fallende Kosten für standardisierbare Halbleiterschaltkreise wachsender Funktionsvielfalt,
- Abnehmende Entwicklungszeiten für neuartige Systeme,
- Unternehmerische Bereitschaft, wirklich Neues und nicht nur veränderte Produkte zu schaffen.

Punkt 1 entspricht der Erfahrung, daß sich die Zeitabstände zwischen technologischen Innovationen verkürzen. Das im Beitrag von P.R. Gerke behandelte ISDN-Kommunikationsnetzkonzept belegt den 2. Punkt. Hiernach dürfen Vermittlungsstellen nicht mehr als isolierte Anlagen betrachtet, sondern als Mitglied oder Teilsystem künftiger Kommunikationsnetze angesehen werden. Wirtschaftlich vertretbare Einführungsstrategien in bestehende Netze sind zu beachten. Der dritte Punkt entspricht der Feststellung, daß sich die auf Halbleiterschaltkreisen erzielbare Funktionskomplexität bei konstanten oder sogar fallenden Kosten innerhalb eines Zeitraumes von ca. 4 Jahren verdoppelte. Fallende Speicherkosten und wachsende Verarbeitungsgeschwindigkeiten und damit Prozessorkapazitäten belegen diese Erfahrung. Natürlich muß nach den Vorteilen dieser Entwicklung gefragt werden. Einerseits können hierdurch bestehende Systeme in ihrer Dienstleistungsgüte verbessert werden. Zum anderen sind aber ganz neue System- und Kommunikationsnetzkonzepte erzielbar, die sich innerhalb neuer Schnittstellen von konventionellen Einschränkungen lösen können.

Eine unternehmerische Herausforderung ersten Grades bildet der Konflikt zwischen notwendigerweise abnehmenden Entwicklungszeiten und maximalen Lebensdauererwartungen betrieblich kostengünstiger Anlagen. Bei der Bundespost war es beispielsweise üblich, daß Vermittlungssysteme bis zu 40 Jahren im Einsatz sein sollten, und das heißt für solche Systeme, daß sie fähig sein müssen zur Aufnahme neuer Technologien, um das System zu verbessern, ohne sofort eine komplette Umänderung oder neue Entwicklung eines Systems durchführen zu müssen. Basierend auf diesen technologischen Aspekten, gibt es gewisse Richtlinien für die Systementwicklung, nämlich umfangreiche Ausnutzung digitaler Technologien, selbst für die Bereiche, die seither traditionell analog waren, beispielsweise Filterung. Dann eine funktionelle Aufteilung der Hardware und der Software, um die Entwicklung solcher Systeme zu vereinfachen und damit die Entwicklungszeit zu beschleunigen. Dann klare und feste Strukturen und Schnittstellen, bevorzugt vor der Optimierung von Speicherplatzbedarf und Programmlaufzeiten, d.h. man muß nicht mehr als sehr harte Forderung betrachten, daß man möglichst wenig Speicherplatz braucht und möglichst geringe Programmlaufzeiten auf Kosten von Unübersichtlichkeit der Programme und Handhabbarkeit der Programme. Durch die technologische Entwicklung ist es möglich, etwas großzügiger mit Speicherplatz und Prozessorkapazität umzugehen, und deshalb Hardware- und Softwaremodule und deren gegenseitige Schnittstellen einfacher und klarer zu gestalten. Die Software sollte weitgehend unabhängig von der Hardware sein, um das Einbringen neuer Technologien zu ermöglichen, ohne die Funktionen und sofort das Softwarepaket zu ändern. Schließlich sollte das neue System die Einführung zukünftiger digitaler Kommunikationsnetze begünstigen, denn wenn wir Schwierigkeiten mit der Einführung in heutige Netze haben und neue Dienste bei solchen Systemen auch schlecht einführen können, heißt das gleichzeitig, daß auch neue Kommunikationsnetze als solche nur schwer eingeführt werden können. Mit diesen Erläuterungen sollten die Orientierungspunkte vier und fünf verdeutlicht werden.

3   <u>Betriebliche Aspekte</u>

Im vorliegenden Beitrag werden als "betrieblich" alle Dinge verstanden, die kundenorientiert durchgeführt werden müssen, nachdem das Basissystem entwickelt ist. Gesichtspunkte der betrieblichen Abwicklung sind dementsprechend:

- Anpassungsentwicklung für Kunden- oder sogenanntes "Customer Design Engineering",
- Anwendungsspezifische Projektierung,
- Anlageninstallation,
- Systembetrieb und Wartung.

Soll beispielsweise ein Vermittlungssystem für verschiedene Kunden des in- oder ausländischen Marktes annehmbar sein, so müssen die speziellen Kundenbelange berücksichtigt werden. Gerade Vermittlungsstellen sind hiervon stark betroffen, da sie einfach nicht isolierte Systeme darstellen, wie dies häufig z.B. bei Rechenanlagen der Fall ist. Während letztere häufig isoliert irgendwo autonom plaziert werden, müssen Vermittlungsstellen in bestehende Kommunikationsnetze eingefügt werden und mit vorhandenen Vermittlungen zusammenarbeiten und seien diese noch so alt. Bei der anwendungsindividuellen Projektierung muß die Anlagengröße und die Zahl der angeschlossenen Geräte berücksichtigt werden, also eine Anlagendimensionierung erfolgen. Betrieb und Wartung müssen den gesamten Abschreibungszeitraum oder die Lebensdauer des Systems umfassen.

Aus den betrieblichen Gesichtspunkten lassen sich nun Richtlinien zur Systementwicklung ableiten, die sich mit denjenigen aus den technologischen Gesichtspunkten bereichsweise decken, z.T. aber auch widersprechen.

Von betrieblichen Aspekten her ist es wichtig, eine funktionelle Aufteilung der Hardware und der Software zu verlangen, um nämlich diejenigen Teile, die eine Anpassung an Kundenwünsche benötigen, möglichst zu isolieren, also vom restlichen System zu trennen und auf wenige Teile zu konzentrieren. Zur Minimisierung des Dimensionierungsaufwandes ist ein hoher Grad von Standardisierung notwendig, so daß Anzahl von Baugruppen (Platinen-)Typen und damit auch die Aufwendungen bezüglich Lagerhaltung, Wartung, Diagnose u.ä. minimal werden. Darüber hinaus muß eine Erweiterungsstrategie vorhanden sein, die möglichst ohne Änderungen von bestehendem Gerät auskommt und nur das Hinzufügen neuer Module vorsieht. Damit bleibt das laufende System möglichst unangetastet bzw. ungestört und kann auch während des Betriebs ergänzt werden. Das ist bei heutigen Systemen praktisch kaum oder eigentlich überhaupt nicht möglich. Die Erweiterungsmodule selbst müssen relativ klein gehalten werden. Dies hauptsächlich aus Kostengründen, damit nicht zu große Vorleistungen getroffen werden für die Möglichkeit, einmal zu größeren Vermittlungsstellen zu wachsen. Weiterhin muß die Möglichkeit zur Fernüberwachung vorgesehen sein, d.h. daß nicht in jeder Vermittlungsstelle auch Bedienungspersonal sitzen muß, sondern Vermittlungsstellen fern überwacht werden können. Schließlich ist auf kleine autonome Sicherheitsblöcke zu achten, damit auftretende Fehler möglichst schnell isoliert werden können und möglichst wenig Wirkungsbreite innerhalb des gesamten Systems zeigen.

Basierend auf all diesen Richtlinien, deren Übersicht hiermit vorliegt, wurde im Hause SEL ein System entwickelt, welches eine völlig neuartige Architektur besitzt und in seiner Art momentan einmalig auf der Welt ist.

4   <u>Beschreibung eines modernen digitalen Vermittlungssystems - SYSTEM 12</u>

Das System 12 besitzt ein zukunftssicheres Hardware-
und Softwarekonzept. Es ist ein einheitlich modular gegliedertetes, ausschließlich mit digitaler Informationsübertragung ar-
beitendes System mit verteilter Steuerung. Die Baugruppentypen-
vielfalt konnte auf sehr kleine Werte von größenordnungsmäßig
30 gegenüber ca. 900 bei seitherigen zentralgesteuerten Systemen (z.B. vom Typ EWS) reduziert werden. Aus der additiven
Erweiterbarkeit resultiert ein alle Einsatzbereiche abdeckendes
Einsatzspektrum von dezentralen Konzentratoren über Ortsver-
mittlungen, kombinierte Orts- und Fernvermittlungs- sowie reine Fernvermittlungsstellen unterschiedlichster Anschlußkapazi-
täten. Eine modulorientierte autonome Wegesuche und -durch-
schaltung und damit relativ hohe Dezentralisierung der Steuerung trägt den Übersichtlichkeitsforderungen der Software und
den hohen Zuverlässigkeitsforderungen an die Vermittlungstechnik Rechnung. Die Wirkbreite von Störungen und die Wahrscheinlichkeit für einen Totalausfall des Systems erreichen damit
relativ kleine bzw. sehr kleine Werte.

4.1   Koppelnetz

Koppelnetzwerke unterschiedlichster Größe sind durch
zweidimensionale Kaskadenschaltung identischer Koppelnetzbau-
steine (KNB) erzielbar. Jeder KNB besteht aus 16 identischen
Ports, die technologisch als LSI (<u>L</u>arge <u>S</u>cale <u>I</u>ntegration)-
Kundenschaltkreise hergestellt werden. Entsprechend Bild 2
umfaßt jeder Port eine PCM-Zubringer- und -Abnehmerleitung zu
32 Zeitkanälen, zugeordnete Puffer-, Wege- und Sprachspeicher,
Anschluß an einen Nutzinformations- und Steuerbus sowie Schaltungen zur Kanal- bzw. Portauswahl und Taktsynchronisation
(mit Phasenzeitspielraum). Mit dieser Funktionsausstattung
erreicht der Schaltungsaufwand jedes Ports nur für den Anteil
der Sprachdurchschaltung (ca. Hälfte des Chips) vergleichbar
den von 16.000 Relais. Erst die LSI-Technologie ermöglicht
also völlig neuartige Bausteine, die auf der Basis konventio-
neller Technologien, z.B. Mini-Relais zu unvertretbaren räum-

lichen Abmessungen bzw. hohen Kosten führen würden.

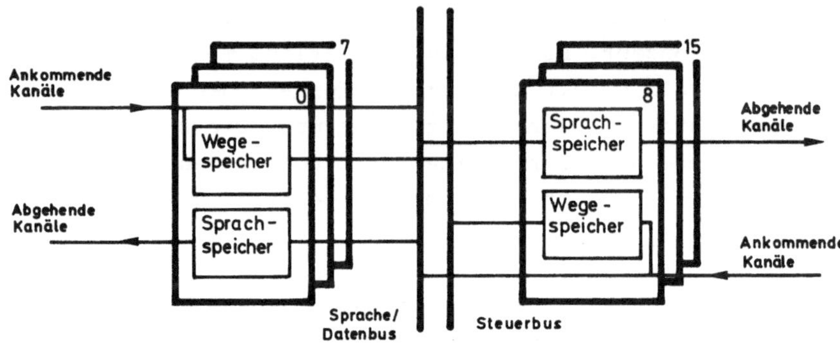

Bild 2. Koppelnetzbaustein mit 16 identischen Ports.

Jeder KNB zu 16 Ports ist auf einer Platine unterge-
bracht, die somit 16x32 = 512 PCM-Kanäle zu 16 Bit umfaßt. Die
selbstgesteuerte Kanaldurchschaltung erfolgt Bild 2 entsprechend innerhalb jedes KNB, welcher als "Zeitstufe" des Koppelnetzes funktioniert.

Bild 3 veranschaulicht ausgewählte Erweiterungen des
digitalen Koppelnetzwerkes im Bereich 1000 bis 100.000 Teilnehmeranschlüsse. Vergleichbare Erweiterungen werden auch zur
Erhöhung der Verkehrsleistung vorgenommen. Wie es das Bild
3.3 verdeutlicht, kommt hierfür die Parallelschaltung von Kop-
pelfeldern in Betracht, so daß sich mehr als die sicherheitstechnisch minimal erforderliche Zahl von zwei Ebenen ergeben.
Bei derartigen Erweiterungen entstehen keine Rückwirkungen
der angeschlossenen KNB auf den betrieblich arbeitenden Anla-
genteil, und der Erweiterungsbereich umfaßt Anschlußwerte ganz
kleiner Vermittlungen von einigen Hundert bis zu sehr großen
mit Hunderttausend Teilnehmern.

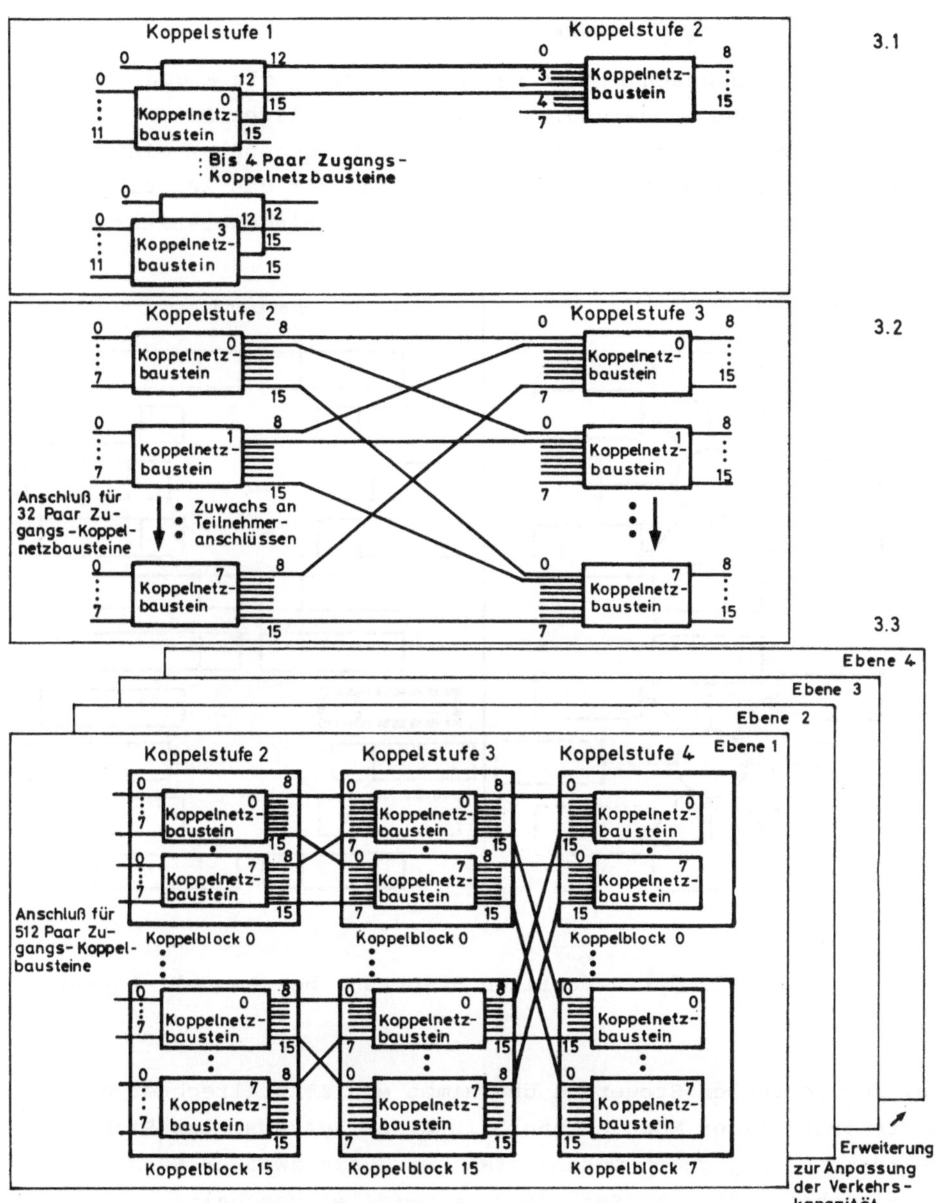

Bild 3. Ausgewählte Koppelnetzerweiterungen im Bereich 1000 bis
10 000 Teilnehmeranschlüsse:
3.1. Erweiterung auf 1920 Teilnehmeranschlüsse -
2 Koppelstufen.
3.2. Erweiterung auf 15.360 Teilnehmeranschlüsse -
3 Koppelstufen.
3.3. Erweiterung auf über 100.000 Teilnehmeranschlüsse -
4 Koppelstufen.

4.2   Steuerung-Hardware

Die nächsten Bilder sagen etwas über die Eigenschaften
der ausgewählten Steuerung. Zunächst verdeutlicht Bild 4, welches die Vorteile der verteilten Steuerung gegenüber einer Zentralsteuerung sind. Darüber hinaus beinhaltet das Zentralrech-
nerkonzept eine Vorfinanzierung künftiger Anlagenerweiterungen.

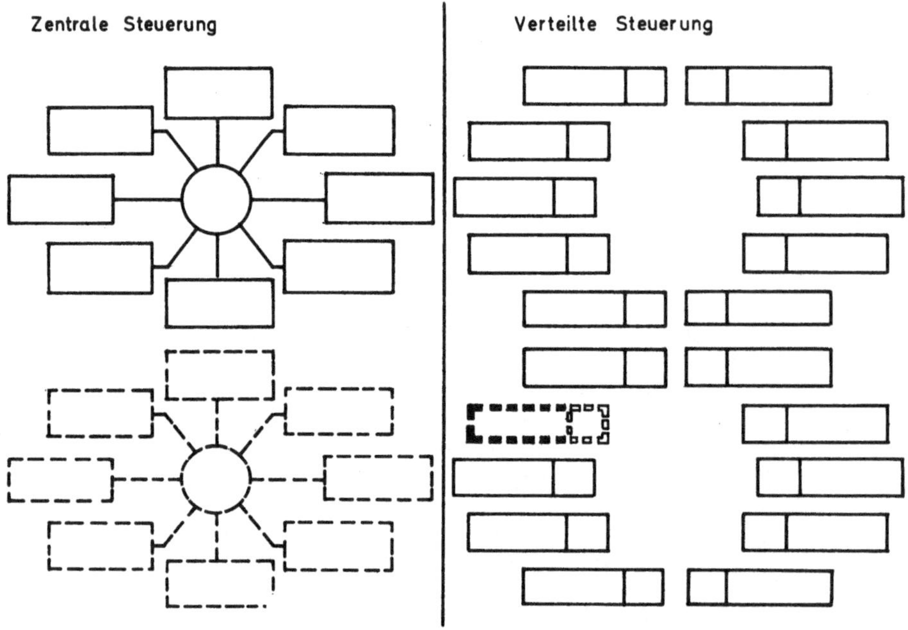

Bild 4. Vorteile der verteilten Steuerung bei Ausfall (----).

Bei der zentralen Steuerung übernimmt ein Zentralrechner die
Ansteuerung aller Module innerhalb eines Systems. Zur Sicher-
heitssteigerung gegen Totalausfall wird ein zweiter Rechner
in mitarbeitender (heißer) Reserve parallel geschaltet. Unterschiedliche Verarbeitungsergebnisse beider Rechner dienen zur
Fehlererkennung, die erst über umfangreiche Diagnosevorgänge
zur Fehlerlokalisierung und -korrektur führen können. Ausfall
der Zentralsteuerung führt zu Totalausfall des Systems.

Bei der verteilten Steuerung versucht man, die Steuerleistungen an die Stellen zu bringen, an denen sie wirklich benötigt werden. Demnach erhält jeder der beteiligten Funktionsmodule eine kleine Steuerung, so daß Ausfälle oder Störungen auf den Modulbereich begrenzt werden. Außerdem müssen zur Systemerweiterung keine Vorleistungen erbracht und vorfinanziert werden. Mit diesen Vorbemerkungen sind die Eigenschaften der dezentralen Steuerung jedoch unzureichend charakterisiert, denn es muß ausgeschlossen werden, daß jeder Rechner tun und lassen kann, was er will. Für den Betrieb des Gesamtsystems ist ein Informationsaustausch zwischen Steuermodulen unerläßlich. Hierzu könnte man beispielsweise alle Rechner über einen zentralen Bus koppeln. Diese Lösung hat verschiedene Schwierigkeiten zur Folge. Die Koordination des Meldungsaustausches zwischen den Steuermodulen müßte über diesen zentralen Bus erfolgen mit Zugriffs- und Belegungsproblemen wie sie im Beitrag von P. Kühn behandelt werden. Die erste Hauptschwierigkeit besteht somit in der Voraussetzung eines zentralen Gliedes und der Rückkehr zum Zentralisierungsprinzip. Die zweite Hauptschwierigkeit stellt sich bei der Systemerweiterung auf über größenordnungsmäßig hunderte von Modulen ein. Derartige Bussysteme gelten als betrieblich unbeherrschbar, weil ein Bussystem die auftretenden Informationsmengen verkehrsmäßig nicht verkraften kann und der vermittlungstechnisch relevante Meldungsaustausch vor lauter Koordinierungs- oder Verwaltungsaufwand zum Erliegen kommt.

Genau an dieser Konfliktsituation ermöglicht das Prinzip der digitalen Signaldarstellung eine unterschiedslose Übertragung von Nutz- und Steuerinformation über ein und dasselbe Koppelnetzwerk, so daß die verkehrs- und sicherheitstechnisch unerläßliche räumliche Diversifikation der Koppelpfade voll zum Tragen kommt. Das Koppelnetz wird also auch zur Kommunikation zwischen den Rechnern verwendet und sieht keinen Unterschied zwischen Nutz- und Steuerinformationsübertragung, wenn es über einheitliche Schnittstellenausgänge angesprochen wird.

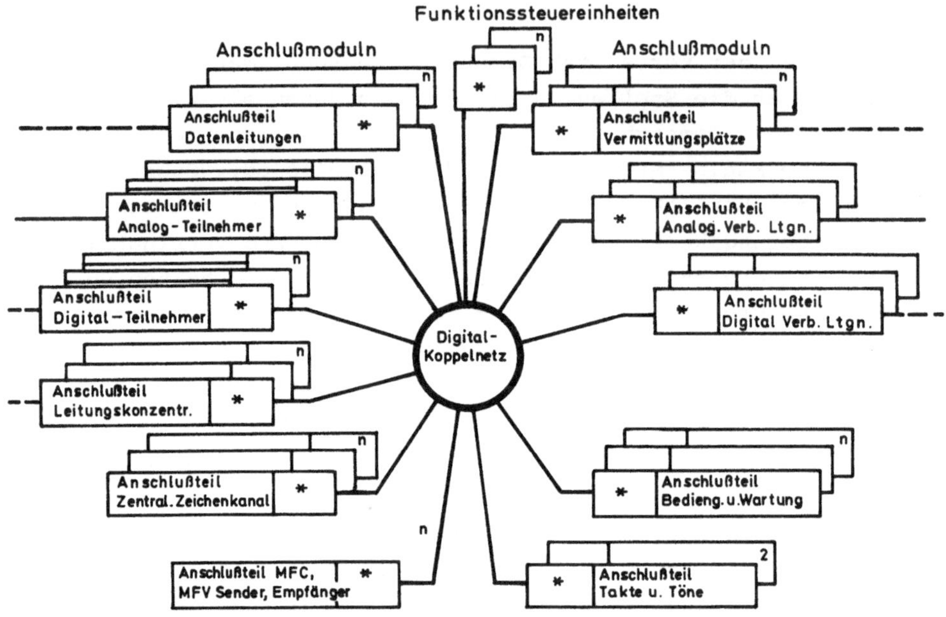

Bild 5. Struktur des Systems 12 (*:Steuerung).

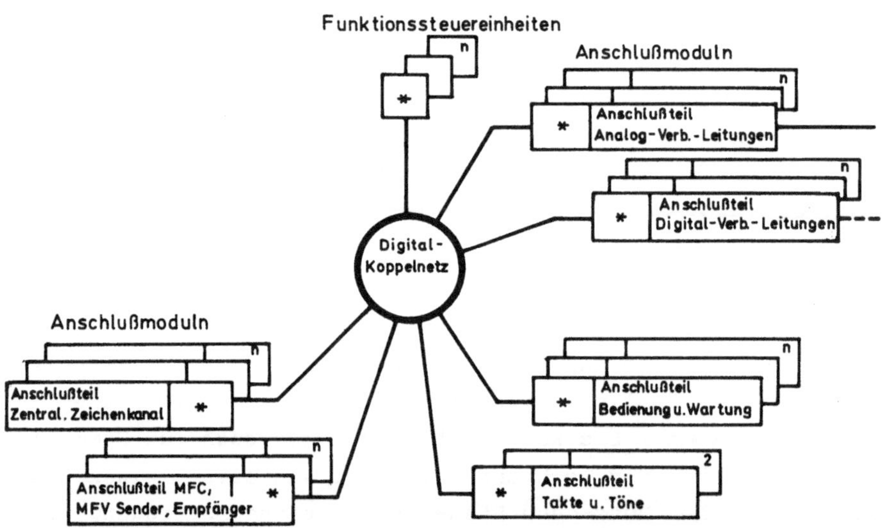

Bild 6. System 12 als Fernvermittlungsstelle (* :Steuerung).

Bild 5 verdeutlicht diese Ausführungen und deutet an, daß jede einzelne Steuerung eines Funktionsmoduls über einen diskreten Pfad des Koppelnetzes jeden benötigten Ziel-Modul erreichen kann. Darüber hinaus ist es möglich, zusätzliche Steuerkapazität hinzuzufügen, die lediglich aus Rechnern besteht und keine weiteren eigenen Funktionsmodule ansteuern müssen (Funktionssteuereinheiten). Beide angesprochene Modularten sind im vorliegenden Bild exemplarisch aufgeführt. Ein Anschlußteil für Analog-Teilnehmer umfaßt beispielsweise 60 Anschlüsse, ein solcher für Verbindungsleitungen 30 Leitungen. Betriebsstörungen in diesen Modulen bleiben somit auf entsprechende Teilnehmerzahlen begrenzt. Typenmäßig wie auch anzahlmäßig werden immer nur die Module bereitgestellt, welche in einer individuellen Vermittlungsstelle benötigt werden. Bild 6 veranschaulicht schließlich ein reines Fernvermittlungssystem, das als Transitvermittlung keine teilnehmerspezifischen Anschlußmodule erhält. Wiederum erscheinen exakt das gleiche Koppelnetz, jedoch nur die Module, die für ausschließlichen Transitverkehr auf analogen bzw. digitalen Verbindungsleitungen benötigt werden. Zeichnerisch bleibt die Moduldiversifikation deutlich unter der von Endvermittlungen.

4.3 Steuerung-Software

Schon die in der Tabelle 1 veranschaulichte Entwicklung der Vermittlungstechnik verdeutlicht die wachsende Bedeutung von SPC-Systemen. Inzwischen ist die Softwareausstattung solcher Systeme mindestens genau so wichtig geworden wie das gesamte Hardware-Konzept. Im Beitrag von H. Ruckdeschel wird dieser Sachverhalt deutlich präzisiert. Wir können daher die Aufmerksamkeit mehr auf die architekturellen Besonderheiten der Software-Ausstattung des Systems 12 zuwenden.

Bei der Softwareentwicklung wurden vier Grundsätze mit aller gebotenen Nachhaltigkeit zum Tragen gebracht:

- Top-Down-Analyse bis in die eigentliche Programmentwicklung hinein,
- Funktionelle Gliederung der gesamten Software (virtueller Automat),

- Innovative Einführung sog. Finite Message Machines
  (FMM) mit standardisierten Schnittstellen,
- Anwendung höherer, problemorientierter Programmier-
  sprachen, wie z.B. die vom CCITT empfohlene Sprache
  CHILL (CCITT High Level Language).

Der Bedeutung entsprechend sollen die Schwerpunkte "virtuelle
Automaten" und "Finite Message Machines" exemplarisch betrachtet
werden.

Bild 7 verdeutlicht das Prinzip des virtuellen Automaten. Hierbei werden verschiedene Lagen der Software vorausgesetzt, die beim Betriebssystem, das auf dem Prozessor laufen
soll, beginnen. Dieses Betriebssystem stellt für andere Programme eine ablauffähige Maschine dar. Alle Programme, die auf diesem Automaten laufen sollen, basieren Bild 7.1 entsprechend
darauf, daß sie die Schnittstelle zum Betriebssystem sehen,
ohne wissen zu müssen, was für ein Prozessor vorliegt.

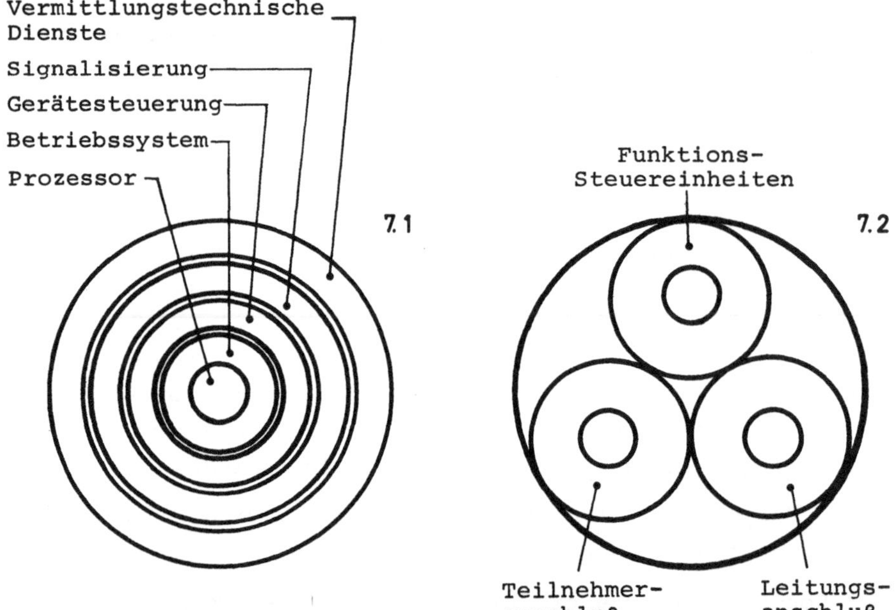

Bild 7. Virtueller Automat:
7.1. Beispiel Verbindungssteuerung,
7.2. Funktionelles Modell für Verbindungsabwicklung.

Darüber baut sich dann die Gerätesteuerung auf, die den Be-
triebsablauf der angeschlossenen Geräte besorgt. Beispielsweise ist in der Datenverarbeitung die Spezifikation oder
Herkunft eines Automaten unnötig, wenn dieser problemorientierte Sprachen wie Algol oder Fortran beherrscht und nur
diese vom Benutzer verwendet werden. Deshalb ist das Prinzip
des virtuellen Automaten schon Ausdruck einer Umgangserfah-
rung. Über die vorgenannte Gerätesteuerung hinaus, wird aber
dieses Prinzip durchgehalten und führt über die Signalisierung zu vermittlungstechnischen Diensten. - Wenn ein Programmierer beispielsweise die Herstellung einer Verbindung pro-
grammieren muß, so kann er auf derartigen Maschinen aufbauen
und hat nur die äußere Schnittstelle zu beachten. Er wird
sich also nach Bild 7.2 virtueller Maschinen für Steuerein-
heiten, Teilnehmer- oder Leitungsanschluß bedienen, diese
miteinander verbinden und ein Programm schreiben, was auf
den Schnittstellen aufbaut.

Zum Verständnis des FMM-Konzeptes sei an Hand des
Bildes 8 eine Korrespondenz-Betrachtung der Hard- und Soft-
ware-Implementationsalternativen vorausgeschickt.

HARDWARE	SOFTWARE
Diskrete Elemente	Assembler- (Maschinen-) sprache
Integrierte Schaltkreise	Problemorientierte Programmier-sprachen
Höchstintegrierte Schaltkreise	Strukturierte Programmierung
Moduln mit 'BUS'-Schnittstelle	FMM bei SYSTEM 12

Bild 8.   Historische Entwicklungsanalogien der Implementations-
alternativen für Vermittlungssysteme.

Die Hardware-Realisierung entwickelte sich historisch von diskreten Elementen, wie z.B. Transistoren zu Modulen mit Bus-Schnittstelle wie im Abschnitt 4.1 erläutert. Zu dieser Entwicklung korrespondiert mit abnehmender zeitlicher Verschiebung eine Software-Entwicklung von der maschinenorientierten Assemblersprache über die strukturierte Programmierung zum FMM-Konzept des Systems 12.

Bei einer FMM gibt es ausschließlich endlich viele festdefinierte Ein- und Ausgabemeldungen. Es gibt dann, Bild 9.1 entsprechend, erlaubte Sequenzen von Ein- zur Ausgabe, beispielsweise wenn Eingabemeldung A und B kamen, dann gibt es die Ausgabe P, oder wenn die Eingabemeldung C kam, dann gibt es die Ausgabemeldung Q, und alle anderen Eingabemeldungen, die hier ankommen, werden als nicht zulässig erkannt und dementsprechend behandelt. Sie werden entweder überhaupt ignoriert oder je nach Typ zu Fehlermeldungen geformt, um Fehlerausbreitungen im System zu verhindern.

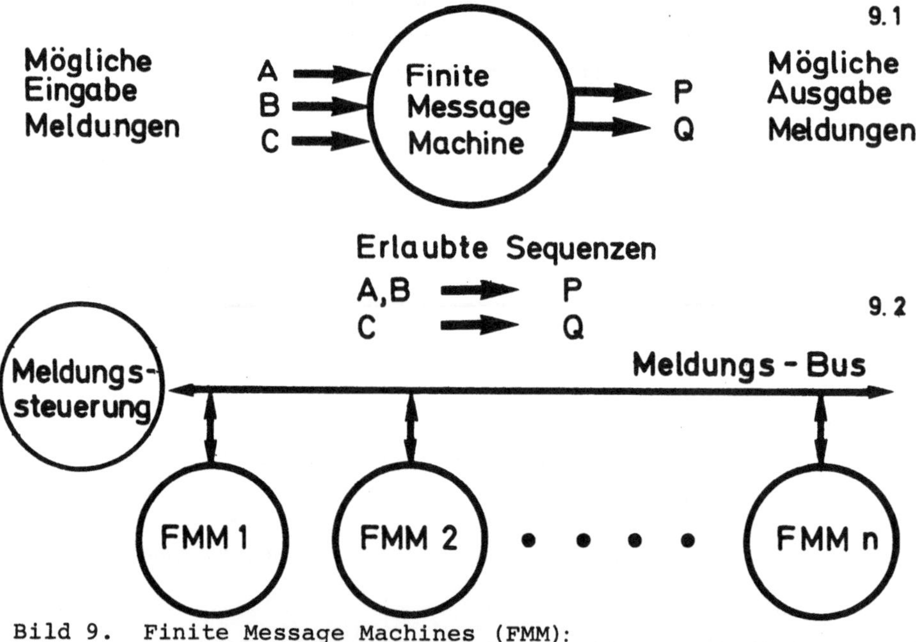

Bild 9.   Finite Message Machines (FMM):
9.1. FMM-Definition,
9.2. FMM-Meldungsaustausch innerhalb eines Prozessors.

Nun können mehrere dieser FMM, die im Prinzip auch nichts anderes sind als Programmstücke mit zugehörigen Daten, gemäß
Bild 9.2 miteinander kommunizieren. Ein Merkmal der FMM des
Systems 12 ist, daß die abgebende Maschine, also die Ursprungs-
maschine, nicht wissen muß, wo der Empfangsmodul sitzt, z.B.
in welchem Teil des Speichers des gleichen Rechners oder in
einem ganz anderen Rechner. Jede dieser FMM gibt ihre Meldungen ab, ohne zu wissen, wo der Empfänger sitzt. Dieses rein
funktionsorientierte Verhalten der Verpflichtung zur Abgabe
aller Meldungen führt zu einer beträchtlichen Rückwirkungs-
freiheit praktisch unvermeidlicher Softwareänderungen in bezug
auf die Ursprungsmodule. Wie bildlich dargestellt, arbeiten
die FMM an einem Software-Bus, der einer Meldungssteuerung unterliegt. Diese Meldungssteuerung ist den beteiligten Prozessoren sektoral zugeordnet. Sie identifiziert die Zieladres-
sen und sorgt dafür, daß die Meldungen das richtige Ziel erreichen. Bild 10 verallgemeinert dieses Kommunikationsprinzip
auf den Fall verschiedener Rechner, die nun ihre Meldungen
über das digital arbeitende Koppelnetz austauschen.

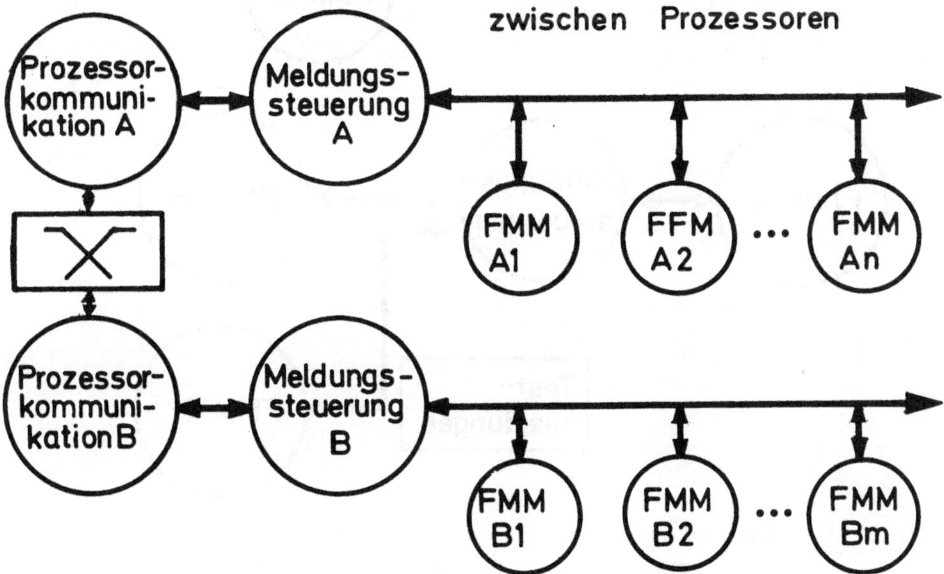

Bild 10. FMM - Meldungsaustausch.

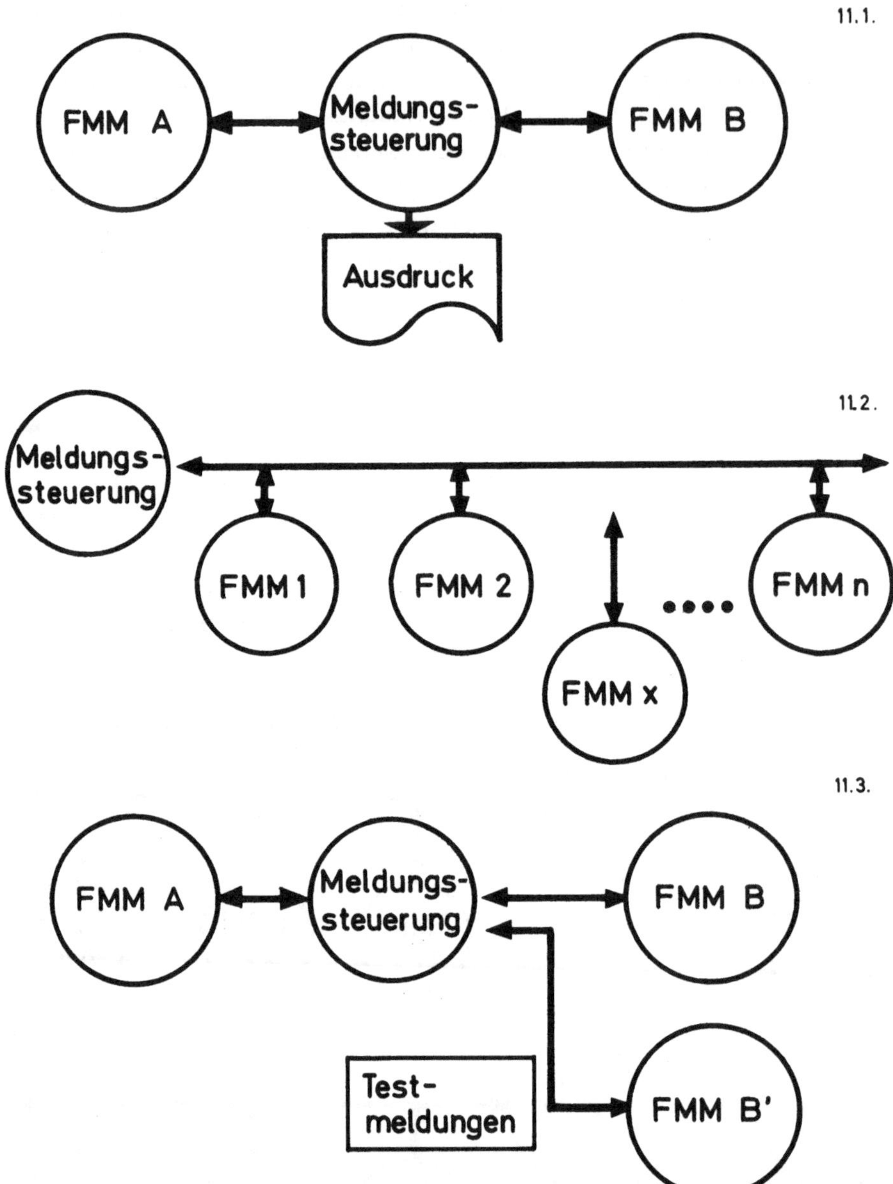

Bild 11. Ausgewählte Anwendungen des FMM-Konzeptes:
      11.1. Überwachung von Meldungen,
      11.2. FMM als steckbarer Modul,
      11.3. Testmeldungen.

Die Leistungsfähigkeit des FMM-Konzeptes kommt
schließlich im Bild 11 zum Ausdruck. Nach Bild 11.1 besteht
die Möglichkeit des Meldungsausdruckes durch jede Meldungssteuerung, und zwar während der Entwicklungszeit oder auch
später im Betrieb. Auch besteht die Wahlmöglichkeit zum Ausdruck ganz bestimmter Meldungen. Ein weiterer Vorteil besteht
nach Bild 11.2 in der Einführungs- oder Eliminationsmöglichkeit
von Finite Message Machines (FMMx), ohne sofort alle anderen
FMMs mitzuschleppen oder komplett neue Bänder zu erzeugen, die
das gesamte Softwarepaket des Systems enthalten. Dies erhält
bei der Einfügung neuer Programmteile besondere Bedeutung, da
der Inbetriebnahme eine Testphase vorausgehen muß, wie es
Bild 11.3 veranschaulicht. Erst wenn FMM B' auf Grund eingehender Tests mit Testmeldungen das erwartete Verhalten zeigt,
wird sie endgültig zugeschaltet. - Weitere Ausführungen zur
Software des Systems 12 würden den Rahmen des vorliegenden
Beitrages übersteigen.

5   <u>Künftige Aktivitäten</u>

        Abschließend sollen eine Reihe von Teilgebieten ge-
nannt werden, zu denen Arbeitsaktivitäten für die weitere Entwicklung besonders erwünscht sind. Hierzu zählen aus derzeiti-
ger Sicht:

- Module für Schnittstellen zur Umwelt,
- Verstärkte Applikation der LSI-Technologie,
- Software-Konzepte für Multiprozessor-Steuerungen,
- Softwareorientierte Rechner,
- Hilfsmittel zum effizienten Entwicklungstest von
  Hard- und Software,
- Strategien zur Einführung neuer Systeme in existie-
  rende Kommunikationsnetze.

Die genannten Schwerpunkte können exemplarisch präzisiert werden. So sind innerhalb des erstgenannten Schwerpunktes eine
Kostenreduktion der Teilnehmerschnittstellen, also der Teil-
nehmerschaltung zum Anschluß von Fernsprechapparaten, die Anpassung an spezielle Forderungen in Exportländern sowie Module für ISDN-Leistungsmerkmale erforderlich. Bekanntlich er-

reicht heute der Kostendurchgriff von Schnittstellengeräten je
nach Systemeinsatz und Größe der Vermittlungsstelle Werte von
60 bis 70 %. - Zur Anwendung von LSI-Bausteinen gehört die Fa-
vorisierung von Kundenschaltungen. - Bei den Software-Konzepten
sind problemorientierte Betriebssysteme erwünscht, bei denen
Unterschiede zwischen Ein- und Multiprozessor-Steuerungen für
den Programmierer entfallen. Strukturen und Sprachen für An-
wendungsprogramme müssen untersucht werden. Softwareentwick-
lungsmethoden für zielstrebige Umsetzungen von Anforderungen
in Programmstücke kennzeichnen ein besonders umfangreiches Gebiet. Fehlerkorrigierende, d.h. fehlerbegrenzende Software
wird benötigt. - Softwareorientierte Hardware-Rechner sollen
mit Hilfe von Mikroprogrammen zur Steigerung der Rechnerlei-
stung beitragen. - Wir können uns vorstellen, daß Rechnersy-
steme mit Multiprozessoranordnungen effektive Testmittel benötigen, die eigentlich vergleichbare Komplexitätsgrade erreichen
wie das System selbst. Hier werden also überschaubare und zeit-
sparende Testverfahren benötigt. - Schließlich müssen, wie
schon mehrfach betont, die Vermittlungssysteme im Zusammenhang
mit künftigen Kommunikationsnetzen gesehen werden. Es sind also Strategien zur Einführung solcher neuartiger Systeme in exi-
stierende Kommunikationsnetze zu definieren. Hier gibt es eine
Reihe von Detailproblemen, die moderne Systeme scheitern lassen können, wenn man sie nicht von Anfang an mit berücksichtigt.

Neben dem Angebot grundlegender Informationen sollte
der vorliegende Beitrag verdeutlichen, daß moderne Vermittlungstechnik etwas ganz anderes ist als das, was man ihr bis heute
zum Teil manchmal abfällig noch nachsagt:

"Das Relais A macht klipp, das Relais B macht klapp, und das
Relais C macht klipp-klapp!"

VERTEILTE MIKRORECHNER-STEUERUNGEN IN NACHRICHTENVERMITTLUNGSSYSTEMEN

- STRUKTUREN, ORGANISATION UND VERKEHRSANALYSE

Prof. Dr.-Ing. Paul J. Kühn

F.G. Nachrichtentechnik, Universität Gesamthochschule Siegen

Zusammenfassung: Ausgehend von der vermittlungstechnischen Aufgabenstellung werden grundsätzliche Struktur- und Organisationsmerkmale verteilter Mikrorechner-Steuerungen vorgestellt und diskutiert. Zur Leistungsbewertung derartiger Steuerungen werden Verkehrsmodelle für Realzeit-Prozessoren, Kommunikations-Subsysteme zwischen verteilten Steuerungsmodulen sowie die aus diesen Elementen gebildeten komplexen Gesamtsysteme entwickelt. Die Verfahren zur Leistungsanalyse werden kurz gegenübergestellt. Einige ausgewählte Beispiele geben Aufschluß über die Aussagekraft der so gewonnenen Ergebnisse für Entwicklung und Betrieb verteilter Steuerungen.

1 Einführung

Fernsprech- und Datenvermittlungen werden zunehmend mit Hilfe von

Mikrorechner-Bauelementen gesteuert, welche je nach Aufgabenaufteilung in

einer hierarchischen Anordnung, gänzlich dezentral oder einer Mischform aus

beidem strukturiert sind. Die Vermittlungsaufgabe wird dabei von mehreren

Mikrorechner-Steuerungen arbeitsteilig realisiert. Die Gründe für eine der

artige Strukturierung sind vielfältig wie

- Erhöhung der Verfügbarkeit und Zuverlässigkeit
- Realisierung eines weiten wirtschaftlichen Ausbaubereiches
- Individuelle Anpassung an unterschiedliche Schnittstellen
  (Teilnehmer, Signalisierungssysteme)
- Integration unterschiedlicher Dienste.

Verteilte Steuerungen mit höherer Intelligenz sind erst mit den

Fortschritten in der Hardware-Technologie (Mikrorechner, hochintegrierte

Speicher) ermöglicht worden. Die Entwicklung derartiger Systeme wirft jedoch

eine Reihe neuer Probleme auf, welche die Beherrschung der entsprechenden

organisatorischen Methoden (Software-Management und Engineering) erfordern.

Als typische Probleme seien genannt:

- Funktionelle Modularisierung der Kommunikations-Verarbeitungs-
  funktionen sowie der Zustandsdatenspeicherung
- Organisation der Interprozess- und Interprozessor-
  Kommunikation (Betriebssystem, Protokolle)
- Begrenzung des Verwaltungsaufwands infolge erhöhter Steuer-
  datenflüsse und Ereignis-Unterbrechungen
- Bestimmung der Steuer-Verkehrsleistung (Durchsatz, Reaktionszeiten)
- Sicherung der Systemfunktionen bei Überlast
- Selbsttätige Funktionsprüfung und Fehlerlokalisierung.

Die Behandlung derartiger Probleme erfolgt mit Methoden der Realzeit-Betriebssystemtheorie, des strukturierten Programmentwurfs, der Nachrichtenverkehrstheorie sowie durch Einsatz problemorientierter Hochsprachen.

Im nachfolgenden Beitrag werden zunächst in Kapitel 2 verschiedene Architekturen verteilter Steuerungen nach systematischen Gesichtspunkten vorgestellt. In Kapitel 3 wird speziell auf den Aspekt der Modellierung und verkehrsmäßigen Leistungsanalyse eingegangen; hierbei soll in diesem Rahmen weniger auf die mathematisch anspruchsvollen Analyseverfahren als auf die grundlegenden Modelle und deren Eigenschaften abgehoben werden. Der Beitrag schließt mit einem Ausblick auf neue Fragestellungen.

2 Architektur verteilter Steuerungen

In diesem Kapitel werden zunächst grundsätzliche Aufgaben bei der Steuerung von Vermittlungsproblemen besprochen. Es folgt eine Systematik typischer Steuerungsstrukturen in Hard- und Software sowie eine Diskussion der damit verbundenen Problemstellungen.

2.1 Steuerung von Vermittlungsprozessen

Die prinzipiellen Steuerungsaufgaben seien an einem vereinfachten Beispiel für die bekannte Fernsprechvermittlung erläutert, vergl. Bild 1. Das Schema zeigt den funktionellen Ablauf (Szenario) für einen Verbindungsaufbauvorgang zwischen einem rufenden Teilnehmer A und dem gerufenen Teilnehmer B.

Wie aus Bild 1 ersichtlich, kann der Vermittlungsprozeß beschrieben werden als endlicher Automat, d. h. durch eine Folge von Zuständen, deren Übergänge durch Ereignisse ausgelöst werden. Als Zustände können die einzelnen Abschnitte des Teilnehmers bzw. des logischen Verbindungsprozesses innerhalb der Vermittlung angesehen werden, welche durch Ereignisse (z. B. "Belegen", "1. Wählziffer" usw.) sowie die dadurch jeweils ausgelösten Vermittlungsfunktionen ineinander übergeführt werden. Die einzelnen ablaufenden Prozesse bei Teilnehmern und in der Vermittlung informieren sich gegenseitig durch den Austausch von Signalen (Signalisierung und Prozeßsynchronisation). Die physikalische Realisierung der Signale ist dabei für den logischen Ablauf der Vorgänge uninteressant. Je nach Anwendungsfall und Technologie können derartige Signale in Form von elektrischen Spannungen und Strömen, Impulsfolgen oder adressierten Daten dargestellt sein, welche an den Geräte- oder Modulschnittstellen entsprechend umgewandelt werden müssen.

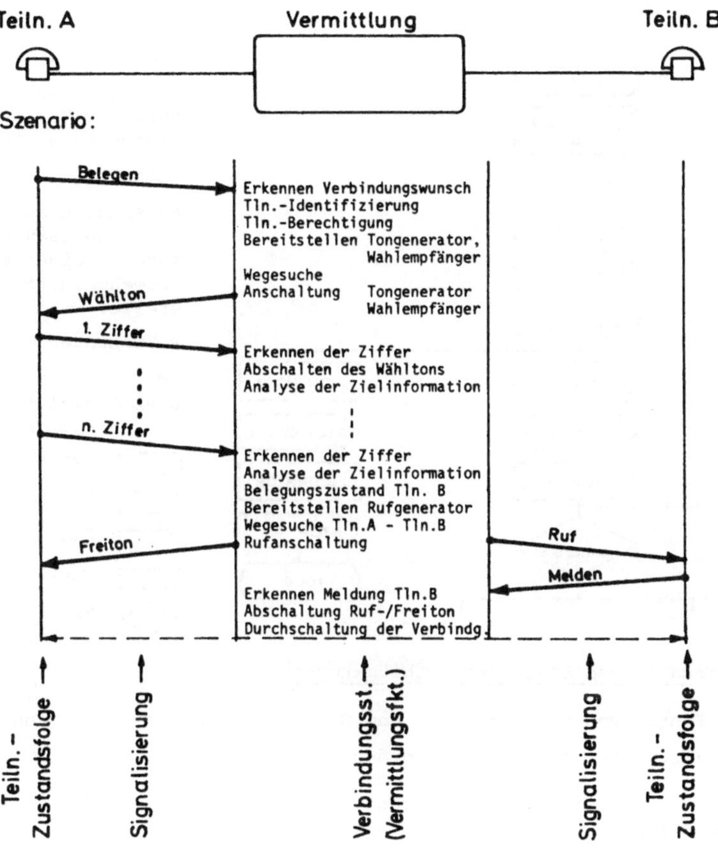

Bild 1. Funktionsablauf beim Aufbau einer Fernsprechverbindung

Die an dem einfachen Beispiel von Bild 1 dargestellte Beschreibungs-
methodik kann ganz allgemein auf die Kommunikation beliebiger Prozesse innerhalb einer Vermittlungsstelle oder innerhalb von Netzen angewandt werden. Die
formale Beschreibung derartiger Abläufe ist grundlegend für die Systemspezifikation und Implementierung bei der Entwicklung. Hierzu sind verschiedene
Sprachen entwickelt worden; Bild 2 zeigt einen Ausschnitt eines Vermittlungs-
prozesses in der besonders anschaulichen Ablaufdiagramm-Technik mit gra-
fischen Symbolen (SDL: Specification and Description Language nach CCITT).
Ziel ist es, diese problemorientierte Funktionsbeschreibung möglichst auto-
matisch in niedere Sprachebenen bis hinunter zu den Elementarfunktionen der

Hardwareebene zu übersetzen.

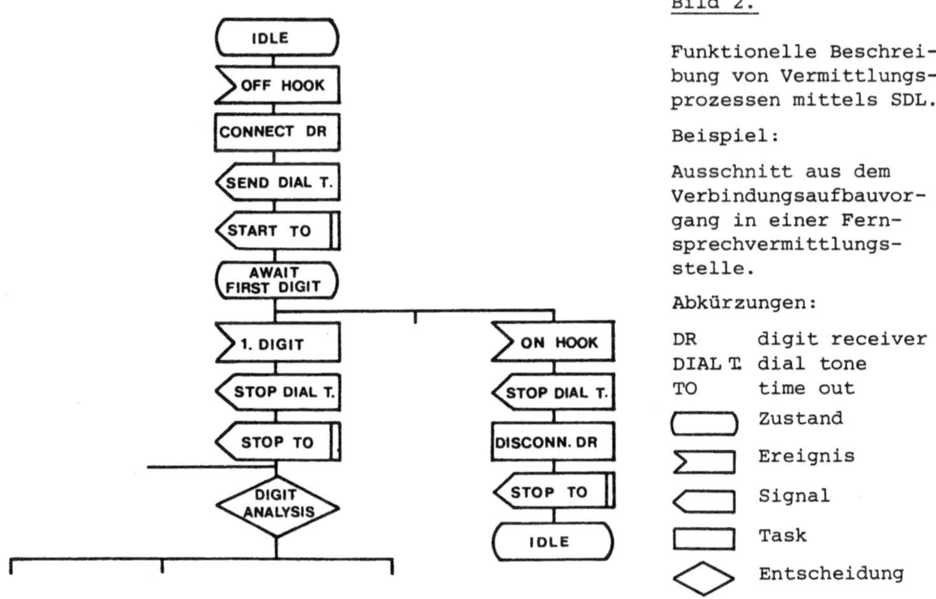

Bild 2.

Funktionelle Beschreibung von Vermittlungsprozessen mittels SDL.

Beispiel:

Ausschnitt aus dem Verbindungsaufbauvorgang in einer Fernsprechvermittlungsstelle.

Abkürzungen:

DR   digit receiver
DIAL T dial tone
TO   time out

2.2   Systematik von Steuerungsarchitekturen

Die Einteilung von Struktur- und Organisationsformen soll anhand einiger Begriffspaare verdeutlicht werden:

zentrale Steuerung	- dezentrale Steuerung
konzentrierte Steuerung	- verteilte Steuerung
Funktionsteilung	- Lastteilung.

Bei zentraler Steuerung werden die Hauptfunktionen durch ein oder wenige gleichartige Universalsteuerwerke realisiert, wohingegen bei dezentraler Steuerung sich in der Regel eine Vielzahl funktionsspezifischer Teilsteuerungen die Aufgaben teilen. Konzentrierte Steuerung liegt vor, wenn die Steuerungsfunktionen eines Vermittlungssystems in einer Steuerungseinheit zusammengefaßt sind; bei verteilter Steuerung werden dagegen Teile der Steuerungsaufgaben auf örtlich getrennte (Peripherie-) Steuerwerke aufgeteilt. Eine Aufgabenteilung nach Funktion bzw. Last liegt schließlich vor, wenn die vermittlungstechnischen Funktionen von mehreren spezialisierten, funktionsspezifischen Steuerwerken ("Funktionsteilung") bzw. von mehreren gleichartigen, universellen Steuerwerken nach Gesichtspunkten der dynamischen Lastaufteilung ("Lastteilung") ausgeführt werden. Reale Systeme weisen meist eine Mischform dieser Prinzipien auf, welche von vielfältigen Randbedingungen (Hardware, Software, Sicherheit, Kosten) her begründet sind.

In Bild 3 sind drei grundlegende Steuerungsstrukturen für Fernsprechvermittlungssysteme skizziert, die zentrale Steuerung (Bild 3a), eine gemischt zentral/dezentrale Steuerung (Bild 3b) sowie eine dezentrale Steuerung (Bild 3c).

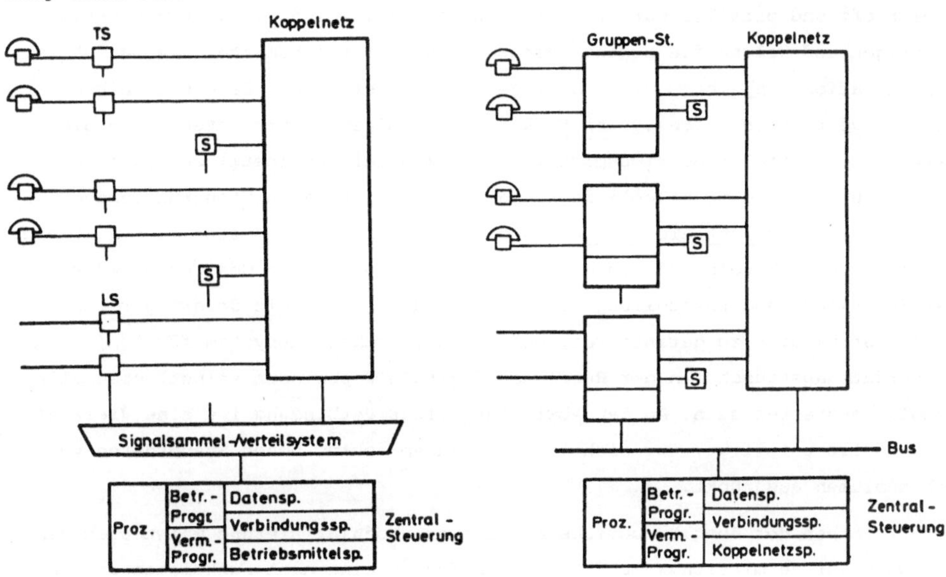

Bild 3a. Zentrale Steuerung

Bild 3b. Gemischt zentral/dezentrale Steuerung

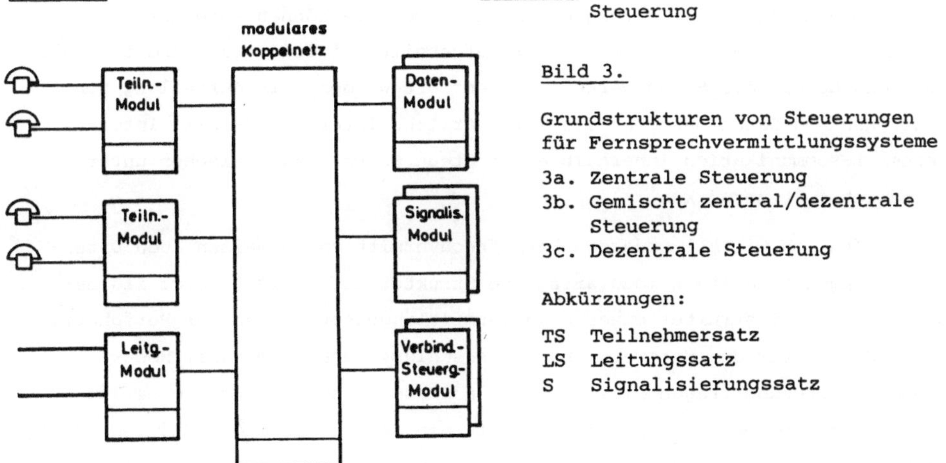

Bild 3.

Grundstrukturen von Steuerungen für Fernsprechvermittlungssysteme

3a. Zentrale Steuerung
3b. Gemischt zentral/dezentrale Steuerung
3c. Dezentrale Steuerung

Abkürzungen:

TS Teilnehmersatz
LS Leitungssatz
S   Signalisierungssatz

Bild 3c. Dezentrale Steuerung

Bei der <u>zentralen Steuerung</u> ist die gesamte Intelligenz (Funktionen, Daten) des Systems in einem Steuerrechner konzentriert. Dieses Prinzip erfordert einen sehr hohen Steuerdatentransport zwischen Peripherie und zentraler Steuerung (Signale, Befehle). Bei der <u>gemischt zentral/dezentralen Steuerung</u> werden leitungsnahe (insbesondere mit der Signalisierung zusammenhängende) Teilfunktionen in periphere Gruppen-Steuerwerke ausgelagert; dies sind zugleich oft und parallel durchführbare Funktionen, welche i. a. wenig Daten benötigen und welche die zugehörigen peripheren Betriebsmittel, wie Wahlsätze, Konzentrationskoppelnetz u. ä. m. eigenständig verwalten. Dagegen bleiben die übergeordneten rufbezogenen Funktionen, semipermanente Daten sowie die Verwaltung zentraler Betriebsmittel (z. B. Zentralkoppelnetz) zentralisiert. Hierdurch findet eine erhebliche Entlastung der zentralen Steuerungsebene statt. Bei der <u>dezentralen Steuerung</u> sind diese restlichen zentralen Aufgaben schließlich auch noch auf mehrere Spezialsteuerwerke nach Gesichtspunkten der Funktions- und Lastteilung verteilt. Um die Sicherheit derartig redundanter Strukturen zu garantieren, muß das Kommunikationssystem für den Steuerdatenaustausch (in der Regel das digitale Koppelnetz selbst) ebenfalls modular gestaltet sein. An der Abwicklung einer Verbindung ist eine Vielzahl von Modulen beteiligt, was sich in einem entsprechend hohen Steuerdaten-Verkehrsvolumen ausdrückt.

Neben der eben beschriebenen Hardware-Modularisierung weist auch die Software für Vermittlungs- und Betriebsaufgaben eine nach Funktionen gegliederte Struktur auf, vergl. Beispiel Bild 4.

Die in Bild 4 eingetragenen Funktionsmodule können entweder zusammen in einer zentralen Steuerung oder aufgeteilt auf dezentrale und zentrale bzw. rein dezentrale Steuerwerke implementiert werden. Die Aufteilung von Funktionen und Daten bestimmt die erforderliche Interprozeß- bzw. Interprozessor-Kommunikation innerhalb eines Steuerwerkes bzw. zwischen unterschiedlichen Steuerwerken.

Ähnlich wie bei modernen Fernsprechvermittlungen weisen auch Datenvermittlungen eine stark modularisierte Struktur auf. Bild 5 zeigt als Beispiel die Prinzipstruktur eines Paketvermittlungsknotens. An der Peripherie liegen Module für den Netzwerk-Zugang (Anschlüsse von Terminals, Host-Rechnern, Datenübertragungsleitungen); in diesen Modulen sind die Geräte- bzw. Leitungsprotokolle implementiert. In den darüberliegenden Modulen erfolgt die Verbindungssteuerung mit den Funktionen wie Auf- und Abbau virtueller

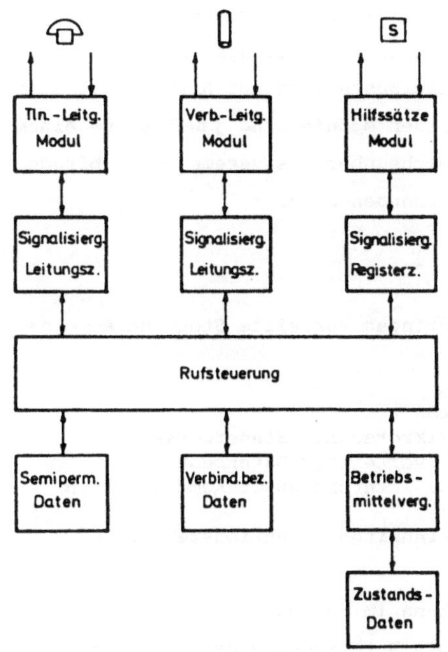

Bild 4.

Modulare Software-Struktur
für Fernsprechvermittlungssysteme

Beispiel für Funktionsauf-
teilung:

a) Zentrale Steuerung

   alle Module

b) Zentrale/dezentrale St.

   Zentral: Rufsteuerung
               Daten
   Dezentral: Leitungsmodule
               Hilfssätze
               Signalisierung

c) Dezentrale Steuerung

   Module verteilt auf einzelne Steuerwerke.
   Rufsteuerung i.a. verteilt
   auf mehrere (z.B. 2)
   Steuerwerke.

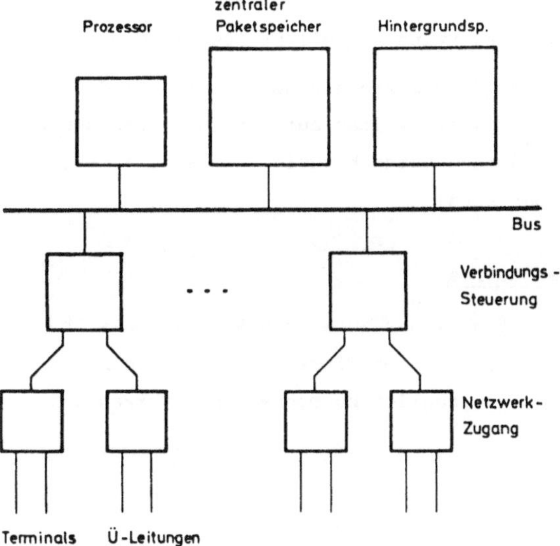

Bild 5.

Hierarchische Struktur eines
Datenvermittlungsknotens nach
dem Paketvermittlungsprinzip

Beispiel für Funktionsauf-
teilung:

a) Netzwerkzugang

   Leitungsprotokolle
   Terminal-/Host-Protokolle

b) Verbindungssteuerung

   Auf-/Abbau virtueller Verb.
   Datenflußsteuerung
   Paketierung/Depaketierung

c) Zentralebene

   Verkehrslenkung (routing)
   Vermittlung (switching)
   Verwaltung (admin.,maint.)

Verbindungen, Paketierung/Depaketierung (PAD) sowie End-zu-End-Datenfluß-
steuerung. Auf zentraler Ebene werden die Paketvermittlungsfunktionen (Verkehrslenkung) sowie evtl. weitere Merkmale (Zustellung auf Abruf, Teilnehmer-
Unterstützung etc.) realisiert. Die einzelnen Module sind jeweils aus einem
oder mehreren Mikrorechnern aufgebaut, welche über Bussysteme oder abfragegesteuerte Leitungssysteme miteinander verbunden sind.

2.3 Problemstellungen

Neben den gewünschten Vorteilen bringen verteilte Steuerungen eine
Reihe neuer Problemstellungen mit sich:

- Festlegung von Funktionseinheiten
- Verteilung von Funktionen auf Mikrorechner-Steuerwerke
- Datenspeicherung und Verwaltung verteilter Datenbestände
- Protokolle zur Interprozeß- bzw. Interprozessor-Kommunikation
- Organisation der Betriebsabläufe
- Auslastung einzelner Funktionseinheiten, Reaktionszeiten
  und Durchsatz.

Auf alle damit verbundenen Einzelfragen kann im Rahmen dieses Beitrages
nicht ausführlicher eingegangen werden. Die Untersuchung derartiger Fragen
kann nur im Zusammenhang mit einer detaillierten Systemspezifikation erfolgen
und ist Teil des Entwicklungsprozesses selbst. Fragen der Leistungsanalyse
verteilter Steuerungen werden im folgenden Kapitel 3 einer ausführlicheren
Betrachtung unterzogen.

3 Verkehrsmodelle zur Leistungsbewertung verteilter Steuerungen

Aufbauend auf einige grundlegende Bemerkungen über Verkehrsmodelle
werden in diesem Kapitel Modelle entwickelt, welche auf Realzeit-Prozessoren,
Kommunikations-Subsysteme zum Steuerdatenaustausch sowie daraus zusammenge-
setzte komplexe Anordnungen anwendbar sind.

3.1 Komponenten eines Verkehrsmodelles

Ein Verkehrsmodell hat die Aufgabe, das zufallsabhängige reale Ablaufgeschehen mit Hilfe weniger standardisierter Elemente zu beschreiben
und damit einer quantitativen Analyse zugänglich zu machen. Ein Verkehrsmodell weist folgende Komponenten auf:

* <u>Struktur</u>

  - Bedienstationen (server) zur Beschreibung von Prozeßdauern für
    Verarbeitungs- oder Übertragungsvorgänge
  - Warteschlangen (queues) zur Pufferung von Anforderungen bei
    momentanem Engpaß
  - Netztopologie

* <u>Organisation</u>

  - Abfertigungsdisziplinen (Abfertigungsreihung, Prioritäten)
  - Übergabe-Mechanismen

* <u>Verkehr</u>

  - Stochastischer Prozeß der Bedienungs-Anforderungen
  - Stochastischer Prozeß der Betriebsmittel-Belegungen.

Ein einfaches Beispiel für ein Verkehrsmodell mit einer zweistufigen
Bedienanordnung zeigt das Bild 6. Die einzelnen Anforderungen durchlaufen
das Netz und erleiden dabei zufallsabhängige Verzögerungen durch Warten bzw.
Bedienung. Die quantitative Analyse von Durchsatz und Verzögerungen ist Aufgabe der <u>Verkehrstheorie</u>.

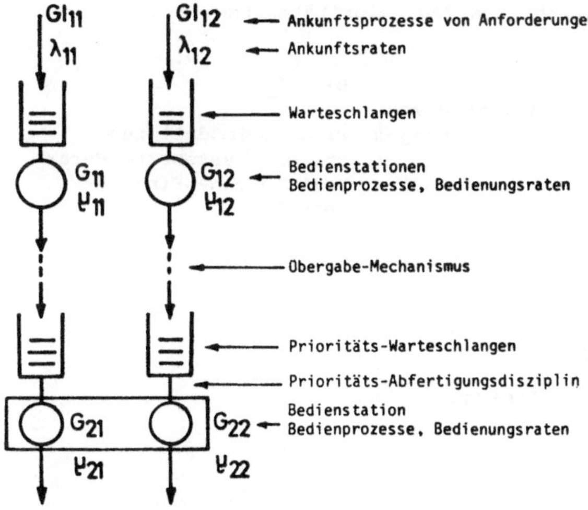

<u>Bild 6.</u> Beispiel für ein
Verkehrsmodell
mit zweistufiger
Bedienanordnung

Symbole:

G   allg. Bedienprozeß
($\underline{g}$eneral)

GI allg. Erneuerungs-
Ankunftsprozeß
($\underline{g}$eneral $\underline{i}$ndependent)

λ Ankunftsrate (Anf./sec)

μ Bedienrate

3.2   Prozessormodelle

Unter Prozessormodellen sollen einstufige Bedienungssysteme verstanden werden, welche typische Merkmale von Realzeit-Prozessoren aufweisen
(Prioritätsstruktur, Ein/Ausgabe-Verwaltung). Die meisten Fälle können auf
eines der folgenden Grundmodelle zurückgeführt werden:

a) Ereignisgesteuerte Verarbeitung (Unterbrechende Prioritäten)
b) Programmgesteuerte Verarbeitung (Nichtunterbrechende Prioritäten)
c) Ereignisgesteuerte + programmgesteuerte Verarbeitung
   (Mischform aus a und b)
d) Ereignisgesteuerte Eingabe + programmgesteuerte Verarbeitung
e) Taktgesteuerte Eingabe + programmgesteuerte Verarbeitung
f) Abfragegesteuerte Verarbeitung (Polling)

Die Modelle c)-f) berücksichtigen explizit den mit der Eingabe von Meldungen verbundenen Verwaltungsaufwand (Overhead), der sich mindernd auf die maximale Verarbeitungskapazität auswirkt und zu höheren Reaktionszeiten führt. In jedem der Modelle werden P Klassen von Anforderungsströmen mit unterschiedlicher Dringlichkeit betrachtet, um auf die Erfordernisse hinsichtlich kurzer Reaktionszeiten mit Bevorrechtigung reagieren zu können.

Bild 7 zeigt ein typisches Prozessormodell für den Fall a). Eine Bedienungseinheit (Prozessor) bedient P Klassen von Prioritätsanforderungen. Die Prioritätsklassen besitzen individuelle Ankunftsraten und Bedienprozesse. Das Ablaufgeschehen ist in den Zeitdiagrammen für die Anzahl x von Anforderungen im System skizziert. Entsprechend geänderte Abläufe ergeben sich für die Fälle b) bzw. c) bei nichtunterbrechenden Prioritäten bzw. Mischformen.

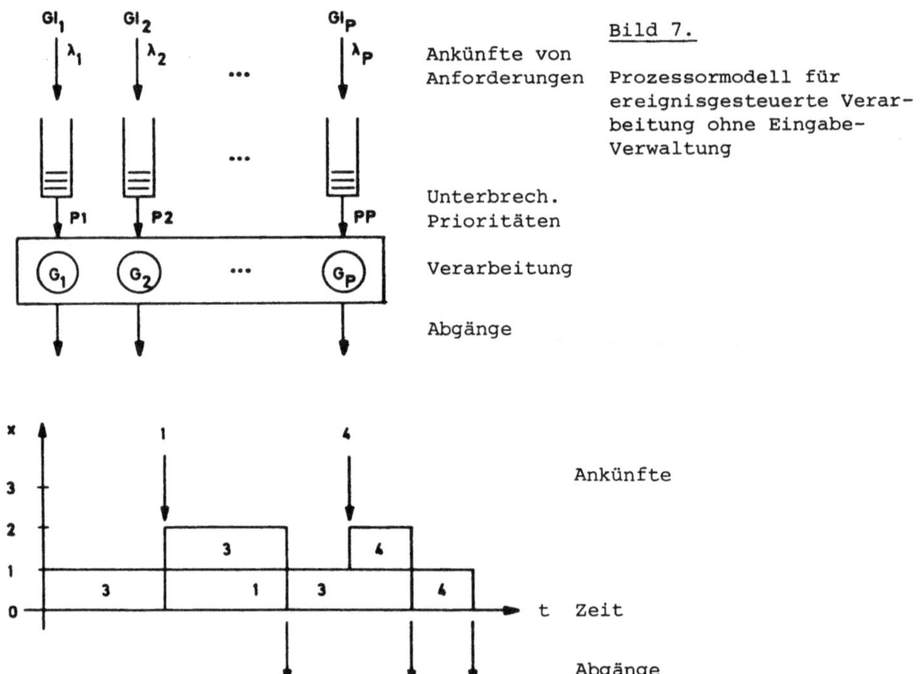

Ankünfte von
Anforderungen

Unterbrech.
Prioritäten

Verarbeitung

Abgänge

Ankünfte

Zeit

Abgänge

Bild 7.

Prozessormodell für ereignisgesteuerte Verarbeitung ohne Eingabe-Verwaltung

Realistischere Modelle erhält man, wenn der Verwaltungsaufwand bei ereignisgesteuerter Eingabe der Einzelmeldungen (Bild 8) bzw. taktgesteuerter Eingabe (Bild 9) berücksichtigt wird; zwischen den Eingabephasen werden die wartenden Meldungen typischerweise programmgesteuert mit nichtunterbrechenden Prioritäten abgefertigt. Der mit den Einzelmeldungen verbundene Overhead kann zu einer starken Kapazitätsreduzierung führen, welche mit taktgesteuerter Eingabe z. T. gemindert werden kann.

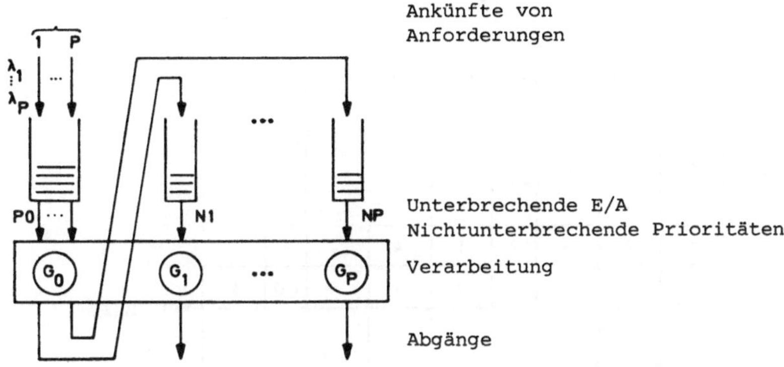

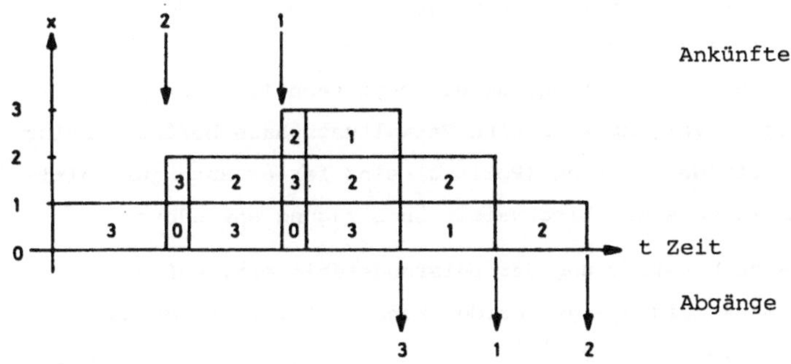

<u>Bild 8.</u> Prozessormodell mit ereignisgesteuerter Eingabe und programm-
gesteuerter Verarbeitung

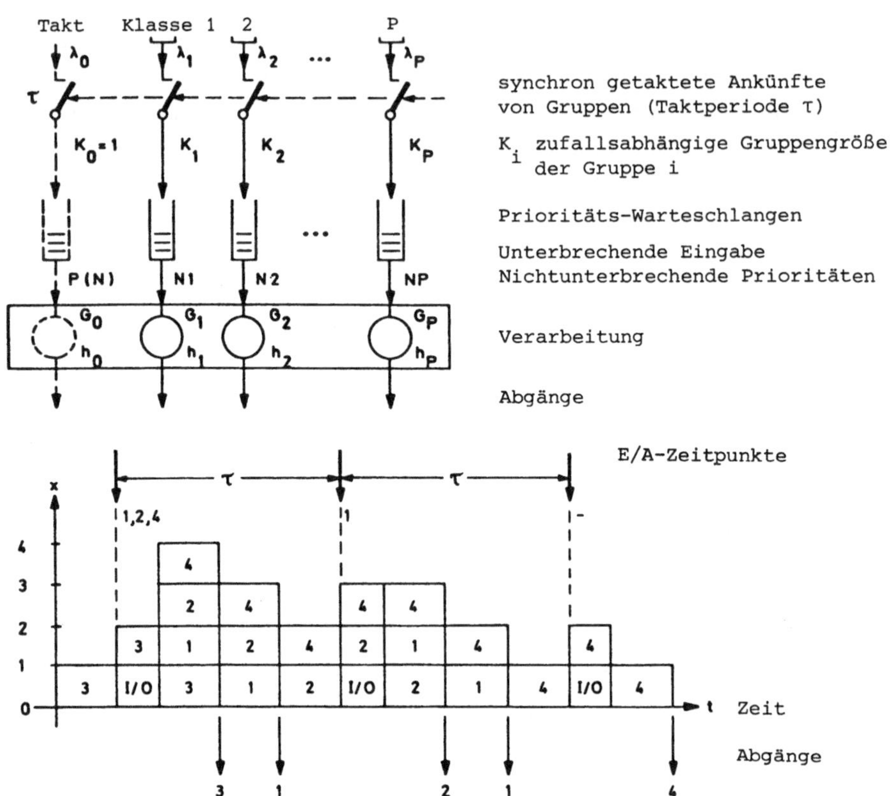

Bild 9. Prozessormodell mit taktgesteuerter Eingabe und programmgesteuerter Verarbeitung

Als letztes Beispiel sei die <u>abfragegesteuerte</u> Verarbeitung in Bild 10 angeführt. Der Prozessor fragt nach jedem Bedienungsende die Wartepuffer ab, z. B. in einfacher zyklischer Reihenfolge oder mit zyklischen Prioritäten durch erhöhte Abfragefrequenz der bevorrechtigten Gruppe. Zusätzlich zu jedem Abfragevorgang kann eine Verwaltungsphase berücksichtigt werden. Modelle mit Abfragesteuerung (Polling) sind ferner auch auf multiplexierte Übertragungskanäle mit blockweiser Übertragung anwendbar.

Die analytische Untersuchung der Leistungsfähigkeit, auf welche in diesem Rahmen nicht näher eingegangen werden kann, erfolgt mit Methoden der Warteschlangentheorie, vergl. z. B. [1]. Die Behandlung mehrerer (Prioritäts-) Ströme erfordert i. a. <u>mehrdimensionale</u> Prozesse für diskrete Zustandsvariable. Die allgemein vorausgesetzten Bedienzeiten können bei Ankunftsprozessen mit Markoff-Eigenschaften mit Hilfe der eingebetteten Markoff-Ketten behandelt werden. Wenn nur die Mittelwerte der einzelnen Wartezeiten gefragt sind, kann die Methode der Momentenanalyse auf der Basis der Erneuerungstheorie sowie des Mittelwerttheorems nach Little angewandt werden. Für die Klasse der o. a. Prozessormodelle ist eine größere Anzahl von Untersuchungen bekannt, vergl. [2-7] .

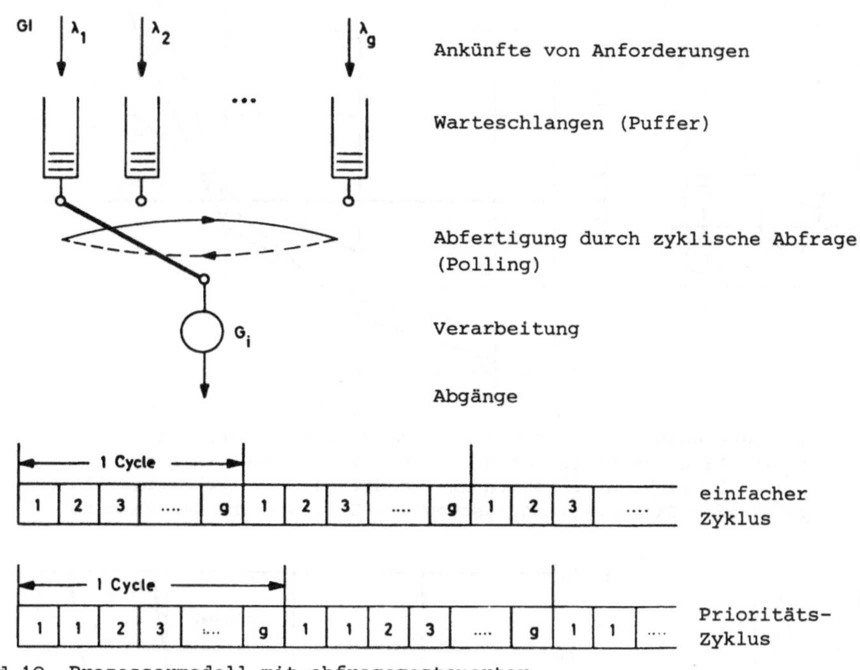

<u>Bild 10.</u> Prozessormodell mit abfragegesteuerter
Verarbeitung

Stellvertretend für diese Untersuchungen sollen 2 Ergebnisse angeführt werden. Das erste Beipiel zeigt die Wirksamkeit verschiedener Prioritätsmechanismen anhand des Modells M/D/1 (Markoff-Ankünfte/konstante Bedienzeiten/eine Bedieneinheit) <u>ohne</u> Verwaltungsaufwand für die Ein-/Ausgabe, vergl. Bild 11. Die mittleren Wartezeiten können mit Hilfe von Prioritäten an die Erfordernisse der jeweiligen Anwendung angepaßt werden.

Ein zweites Beispiel soll die grundsätzlichen Eigenschaften der Ein-/ Ausgabeorganisation verdeutlichen. In Bild 12 sind für die beiden Grundmodelle der ereignisgesteuerten bzw. taktgesteuerten Eingabe für jeweils nur eine Klasse von Anforderungen, aber endlichem Unterbrechungsaufwand, die mittleren Gesamtwartezeiten angegeben [4]. Die Ergebnisse zeigen deutlich die Überlegenheit der ereignisgesteuerten Eingabe bei kleiner Last bzw. der taktgesteuerten Eingabe bei hoher Last. Dieses prinzipielle Verhalten setzt sich auch bei mehreren Prioritätsströmen fort.

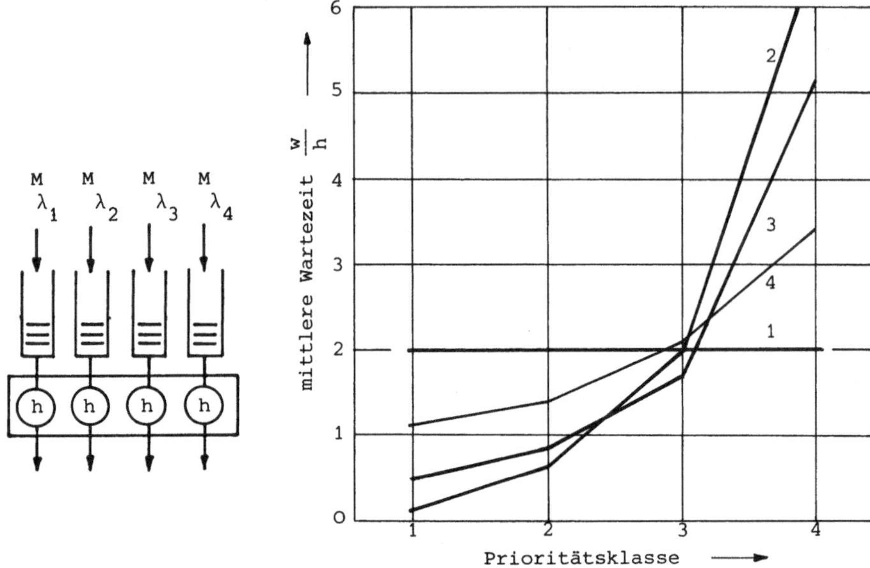

Bild 11. Mittlere Wartezeiten im Prioritätsmodell M/D/1 ohne Verwaltung
Modell 1: keine Prioritäten   Modell 2: unterbrechende Prioritäten
Modell 3: nichtunt.Prioritäten   Modell 4: zyklische Prioritäten
gemeinsame Parameter: Auslastung $\rho = 0,8$, gleiche Last/Klasse

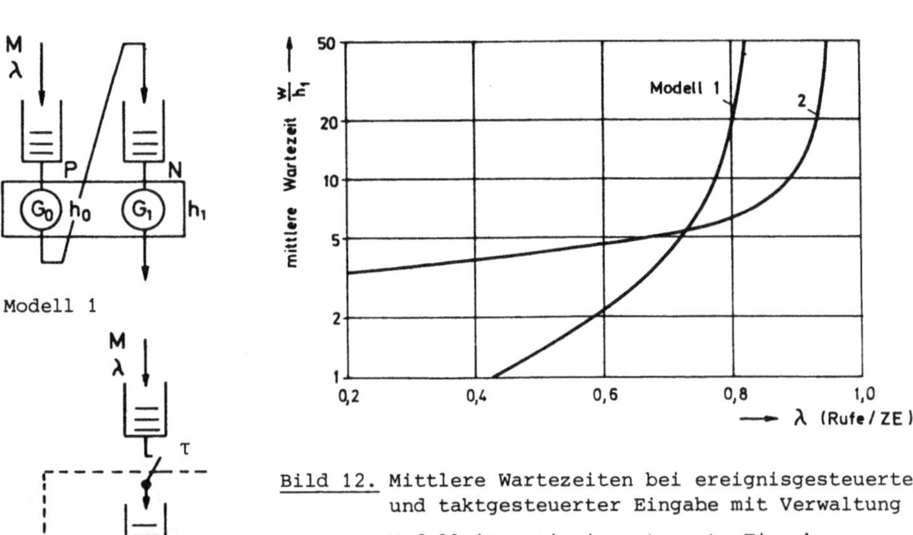

Bild 12. Mittlere Wartezeiten bei ereignisgesteuerter
und taktgesteuerter Eingabe mit Verwaltung

Modell 1: ereignisgesteuerte Eingabe
Modell 2: taktgesteuerte Eingabe

Parameter: konstante Unterbrechungszeit (D)
konstante Bedienzeit (D)

$$h_0/h_1 = 0,2$$
$$\tau/h_1 = 5$$

3.3 Kanalmodelle für Kommunikations-Subsysteme

Unter Kanalmodellen sollen Verkehrsmodelle für den Steuerdaten- bzw. Nutzdaten-Austausch _zwischen_ verschiedenen Steuermodulen (Prozessoren) verstanden werden. Die Gemeinsamkeit der entsprechenden Kanalmodelle liegt in der Modellierung des Betriebsmittels "Übertragungskanal", welcher beim Informationstransport zum Engpaß werden kann. Dieses Betriebsmittel kann nach unterschiedlichen Methoden den Anforderungen zugeteilt werden. Der Übertragungsvorgang selbst unterliegt i.a. einem Übertragungs-Protokoll, welches zusätzlichen Verwaltungsaufwand (Overhead) bedingt.

Von der Zuteilungsmethode her gesehen, lassen sich vier Kategorien von Kanalmodellen unterscheiden:

    a) Feste Zuteilung   (fixed assignment)
    b) Bedarfsweise Zuteilung   (demand assignment)
    c) Abfragegesteuerte Zuteilung   (polling)
    d) Wettbewerbsgesteuerte Zuteilung   (contention mode)

Bei _fester_ Zuteilung existiert ein individueller Kanal zwischen zwei Steuerungsmodulen (z.B. in Form einer fest zugeteilten Zeitlage innerhalb eines Multiplexkanals), während sich bei _bedarfsweiser_ Zuteilung i.a. eine Vielzahl von Steuerungsmodulen wenige Kanäle dynamisch teilt , z.B. nach Reihenfolge- oder Prioritätsregeln. Beide Kanalmodelle führen entweder auf elementare Warteschlangenmodelle oder ähnliche Modelle wie bei Prozessoren.

Ein häufig angewandtes Prinzip ist die _abfragegesteuerte_ Zuteilung durch eine zentralisierte "Primärstation", welche den Übertragungskanal steuert (polling), vergl. Bild 13. Kanalmodelle mit Abfragesteuerung können ferner ausgezeichnet sein durch die Merkmale

    - Halb-Duplex- bzw. Voll-Duplex-Übertragung
    - Quittungssignalisierung mit automatischer Wiederholung
      (automatic repeat request, ARQ)
    - Datenflußsteuerung durch einen Fenster-Mechanismus
      sowie durch Timeout-Wiederholung.

Die aufgeführten Eigenschaften sind Merkmale des Übertragungsprotokolls (link level protocol, wie z.B. HDLC). Modelle, welche derartige Merkmale beinhalten, weisen eine größere Komplexität auf und sind sowohl mittels Simulation als auch analytisch untersucht worden, vergl. [8,9]; diese Untersuchungen beinhalten die wesentlichsten Systemparameter und geben Aufschluß über Durchsatz- und Verzögerungseigenschaften.

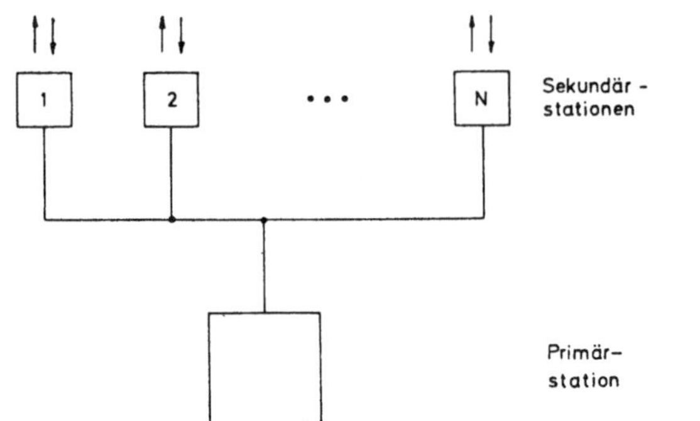

Bild 13.

Grundstruktur für Kanalmodelle
mit abfragegesteuerter
Zuteilung

Kanäle mit <u>wettbewerbsgesteuerter</u> Zuteilung wurden bislang für den
Bereich von lokalen Rechnernetzen oder zum Anschluß örtlich verteilter Daten-
stationen diskutiert; der erreichte Entwicklungsstand zeigt jedoch, daß dieses Prinzip in Zukunft auch für verteilte Steuerungen von Interesse sein
kann. Bei wettbewerbsgesteuertem Betrieb sind alle Stationen (Module) an
einem breitbandigen Übertragungsmedium angeschlossen <u>ohne</u> eine übergeordnete
Steuerung, d.h. alle Stationen agieren selbständig. Durch das Fehlen einer
übergeordneten Steuerung können Kollisionen während des Übertragungsvorganges
nicht ausgeschlossen werden. Im Falle von Kollision muß ein dezentral organi-
sierter Algorithmus die Wiederholung veranlassen. Zur Reduktion der Kolli-
sionshäufigkeit wurden verschiedene Verfahren vorgeschlagen, vergl. [10] :

- Kanalzustandsprüfung (carrier sensed multiaccess, CSMA)
- Unmittelbare Kollisionserkennung (collision detection, CD)
- Verzögertes Senden nach Kollision (random, p-persistent).

Ein neues Protokoll CSMA-CD-DR mit dynamischen Sendeprioritäten in Form von
gestaffelten, determinierten Sendeverzögerungen nützt die an alle Stationen
ausgesendete Quittierungssignalisierung explizit dazu aus, das völlig dezentral organisierte System in einen höheren Ordnungszustand zu bringen [11].
Das Grundmodell ist in Bild 14 dargestellt. Analytische und simulative Untersuchungen haben gezeigt, daß dieses Protokoll die Vorteile von Contention
Mode bei niedriger Last und Polling bei hoher Last vereint und die Kollisions-
häufigkeit auf ein Minimum beschränkt, vergl. Bild 15.

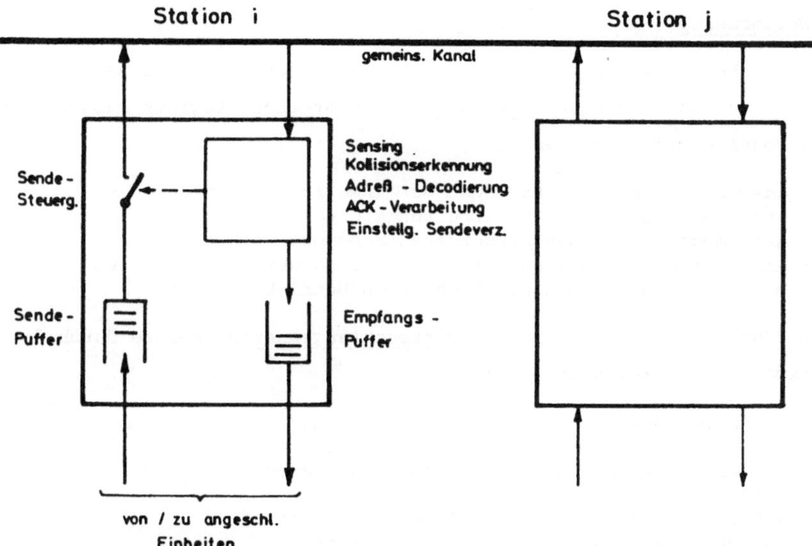

Bild 14. Grundstruktur eines Kanalmodelles mit wettbewerbsgesteuerter
Zuteilung

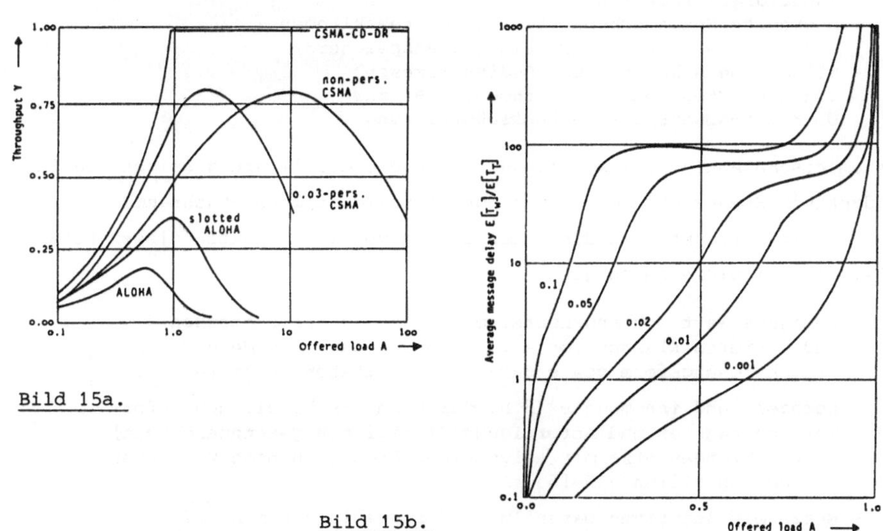

Bild 15a.

Bild 15b.

Bild 15. Durchsatz und Verzögerungen bei wettbewerbsgesteuerter Zuteilung

15a. Durchsatz Y verschiedener Protokolle in Abhängigkeit des
Angebots A
15b. Rel. Verzögerungen des Protokolles CSMA-CD-DR
Parameter: N = 100 Stationen
minimale rel. Sendeverzögerung 0,001 ... 0,1
Markoff-Ankünfte, konstante Nachrichtenlängen (Bezugsgr.)

3.4   Netzmodelle

Unter Netzmodellen sollen Verkehrsmodelle verstanden werden, welche
größere Steuerungskomplexe zusammenhängend beschreiben. Logisch lassen sich
derartige Modelle strukturieren in

- Lastmodelle zur Beschreibung der (Realzeit-)Anforderungen
- Prozessormodelle für Verarbeitungsfunktionen
- Kanalmodelle für den Steuerdatentransport
- Anforderungs-Szenarios zur Beschreibung der sequentiellen
  bzw. parallelen Inanspruchnahme von Betriebsmitteln.

Allgemein führt die Modellierung auf Warteschlangennetze, welche durch folgende Merkmale gekennzeichnet sind:

- beliebige Struktur
- mehrere Klassen von Anforderungsströmen
- beliebige Wegeauswahl je Anforderungsklasse
- Prioritäten
- sofortiger oder taktweiser Informationstransfer
  zwischen den Stationen des Netzmodelles
- Prozessor-Subsysteme mit unterschiedlichen
  Ein-/Ausgabe- und Abfertigungsstrategien
- Kommunikations-Subsysteme mit unterschiedlichen
  Zuteilungsstrategien
- begrenzte Speicherkapazität von Warteschlangen
  und passiven Betriebsmitteln (Datenspeichern)
- allgemeine Ankunfts- und Bedienprozesse
- adaptive Steuerungsalgorithmen, z.B. zur
  Überlast-Abwehr oder Datenflußsteuerung

Die mathematische Analyse, zum Teil auch noch die Modellierung selbst wie im
Falle adaptiver Steuerungsalgorithmen oder paralleler Inanspruchnahme von
Betriebsmitteln, erlaubt erst die Untersuchung von Teilaspekten dieser Netz-
merkmale. Als Beispiele seien genannt:

- homogene Warteschlangennetze mit Markoffschen Prozessen
  und mehreren Klassen von Anforderungen nach der Methode der
  Produktlösungsform sowie daraus abgeleiteten Verfahren [12-14]

- homogene und inhomogene (d.h. durch unterschiedlichen Informationstransfer und Abfertigungsdisziplinen gekennzeichnete)
  Warteschlangennetze mit allgemeinen Prozessen nach Verfahren
  der Dekomposition [15-16]

- Netze mit adaptiven Datenflußsteuerungsalgorithmen [17]

- Netze mit passiven Betriebsmitteln und begrenzter
  Speicherkapazität [18].

Die Ansätze in dieser Richtung können in diesem Rahmen nicht erschöp-
fend gewürdigt werden. Stellvertretend sei ein Beispiel eines inhomogenen
Netzes angeführt, welches den Eingabeteil des Steuerungsnetzes eines Fern-
sprechvermittlungssystems mit zentraler Steuerung modelliert, vergl.Bild 16.

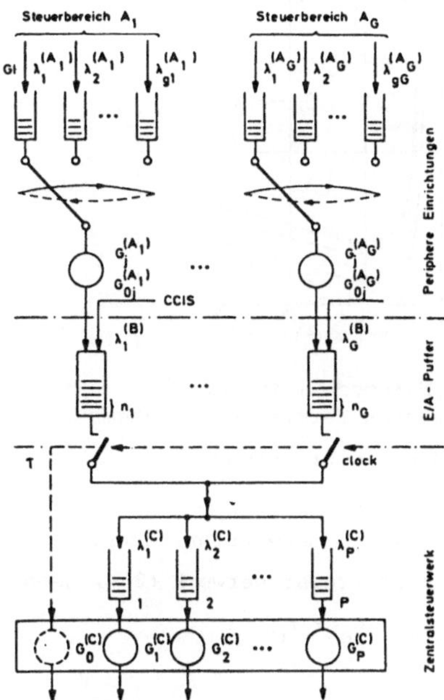

Bild 16.

Netzmodell des Steuerungsteils
eines Fernsprechvermittlungs-
systems mit zentraler Steuerung
(Eingabeteil)

Das Modell nach Bild 16 gliedert sich in mehrere periphere Einrichtungen mit
abfragegesteuerter Steuersignal-Übertragung, den Ein-/Ausgabe-Puffern als
Schnittstelle zum Zentralsteuerwerk sowie einem zentralen Prozessor mit taktgesteuerter Ein-/Ausgabe bei endlichem Verwaltungsaufwand und nichtunterbrechenden Prioritäten zur programmgesteuerten Verarbeitung. Das Modell wurde
mit Hilfe des Dekompositionsverfahrens untersucht, bei welchem Teilmodelle
isoliert analysiert werden und die gegenseitige Interaktion durch Berücksichtigung _zweier_ Momente der Eingangs- und Ausgangsprozesse beschrieben
wird [16]. Als Ergebnisse werden die Teil- und Gesamtdurchlaufzeiten der
Anforderungen gefunden in Abhängigkeit der berücksichtigten Systemparameter
nach Bild 16, vergl. Bild 17. Die in Bild 17 eingetragenen Simulationser-
gebnisse zeigen die gute Brauchbarkeit dieses Dekompositionsverfahrens.
Im rechten Teil von Bild 17 ist die aus den unteren beiden Ebenen gebildete
mittlere Durchlaufzeit über der Taktperiode τ aufgetragen. Die Ergebnisse
sind für die Auslastungen der Zentralsteuerung bei 40% (durchgezogen) bzw.
80% (gestrichelt) jeweils für beide Prioritätsklassen angegeben. Das Ergeb-
nis zeigt ein klares Optimum und gibt Aufschluß über die Einstellung der
Taktperiode bei Normallast und Überlast.

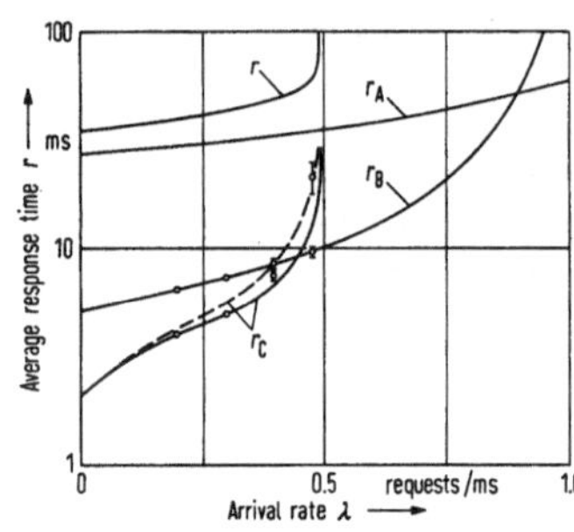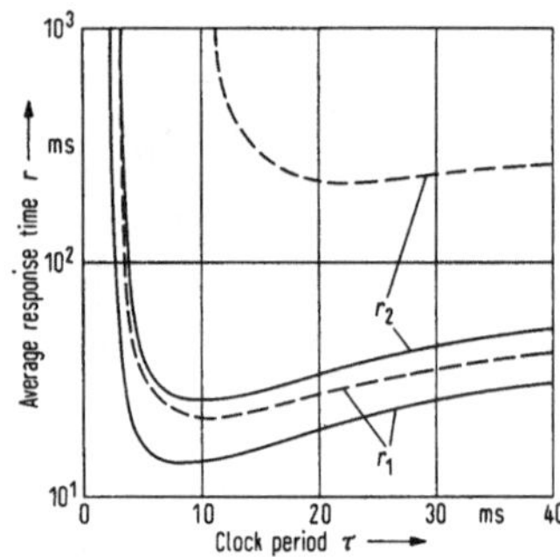

Bild 17. Mittlere Durchlaufzeiten in einem Netzmodell für den Steuerungsteil eines zentralgesteuerten Vermittlungssystems

r_A mittlere Durchlaufzeit periphere Steuereinrichtung

r_B mittlere Durchlaufzeit E/A-Puffer

r_C mittlere Durchlaufzeit Zentralsteuerwerk (ohne Prioritäten)

$r_{1,2}$ mittlere Durchlaufzeit E/A-Puffer + Zentralsteuerwerk (2 Klassen)

r mittlere Gesamtdurchlaufzeit ($r = r_A + r_B + r_C$)

Parameter:

Peripherie:	10	Steuerbereiche à 20 Gruppen
	2,5 msec	Übertragungszeit/Nachricht (konstant)
	2,5 msec	Polling Overhead/Gruppe (konstant)

E/A-Puffer:	10	Puffer
	n = 1	transferierte Nachrichten/Takt und Puffer
	τ = 10 msec	Taktperiode (linkes Bild)

Zentralst.:	2 msec	Verarbeitungszeit/Nachricht und Klasse
	0 msec	Eingabe-Verwaltungszeit (linkes Bild)
	2 msec	Eingabe-Verwaltungszeit (rechtes Bild)

4   Zusammenfassung und Ausblick

Zukünftige Vermittlungssysteme werden durch eine stark verteilte Steuerungsstruktur gekennzeichnet sein. In dem Beitrag wurde versucht, einige Systemmerkmale verteilter Steuerungsarchitekturen herauszuarbeiten, insbesondere im Hinblick auf die Modellierung zur verkehrsmäßigen Leistungs- analyse. Wesentlich erscheint dabei, daß gerade die typischen Merkmale von Protokollen, Ein-/Ausgabesystemen, Realzeit-Steuerungen und Anforderungen berücksichtigt werden. Es wurden einige numerische Beispiele angegeben, welche die Wirksamkeit bzw. den Einfluß typischer Systemparameter aufzeigen. Derartige Ergebnisse können für den Entwicklungsprozeß und die Systemplanung von grundlegender Bedeutung sein.

Neue Problemstellungen sind insbesondere in den letzten Abschnitten deutlich geworden. Weitere Untersuchungen über adaptive Steuerungsalgorith- men und komplexe, inhomogene Netze sind erforderlich. Die adequate Beschrei- bung der Systemlast in verteilten Systemen, einschließlich der system- und teilnehmerbedingten Rückkopplungen, ist Voraussetzung für zuverlässige Aus- sagen der Analyse. Damit zusammenhängend ist die Berücksichtigung instatio- närer Verkehrsphänomene, welche bei stoßartigen Belastungen bzw. bei adap- tiven Steuerungen auftreten und zu gänzlich anderen Ergebnissen führen als die Analyse stationärer Prozesse. Schließlich sollte nicht unerwähnt blei- ben, daß nur eine kontinuierliche Messung innerhalb von Systemen mit ver- teilter Steuerung Aufschluß geben kann über den tatsächlichen Nutzen der eingesetzten Betriebsmittel und die angewandten Steuerungsverfahren.

Schrifttum

[1]   Kleinrock, L.   Queuing Systems, Vol. 1 and 2.
J. Wiley and Sons, New York, 1976.

[2]   Jaiswal, N.K.   Priority Queues.
Academic Press, New York/London, 1968.

[3]   Herzog, U.   Priority Models for Communication Processors
Including System Overhead.
ITC 8, Melbourne, 1976. Congressbook 623/1-7.

[4]   Langenbach-Belz, M.   Vergleich zweier Warteschlangenmodelle für Real- zeit-Rechnersysteme mit Interrupt- bzw. takt- gesteuerter Übernahme von Anforderungen aus der Peripherie.
Lecture Notes in Comp. Science, No. 1.
Springer-Verlag, Berlin, 1973, S. 304-313.

[5]   Manfield, D.R.   Queuing Analysis of Scheduled Communications
      Tran Gia, P.   Phases in Distributed Processing Systems.
                          Performance '81, Amsterdam, Nov. 4-6, 1981.

[6]   Kühn, P.J.   Analyse zufallsabhängiger Prozesse in Systemen
                          zur Nachrichtenvermittlung und Nachrichtenver-
                          arbeitung.
                          Habilitationsschrift, Univ. Stuttgart, 1981.

[7]   Kuehn, P.J.   Multiqueue Systems with Nonexhaustive Cyclic
                          Service.
                          BSTJ, Vol. 58, 1979, S. 671-698.

[8]   Kuehn, P.J.   Performance of ARQ-Protocols for HDX-Transmission
                          in Hierarchical Polling Systems.
                          Performance Evaluation, Vol. 1, 1981, S. 19-30.

[9]   Bux, W.   Balanced HDLC Procedures - A Performance Analysis.
      Kümmerle, K.   IEEE Trans. on Communications, Vol. COM-28,
      Truong, H.L.   Nov. 1980, S. 1889-1898.

[10] Tobagi, I.A.   Multiaccess Protocols in Packet Communication
                          Systems.
                          IEEE Trans. on Communications, Vol. COM-28,
                          April 1980, S. 468-488.

[11] Kiesel, W.M.   CSMA-CD-DR: A New Multi-Access Protocol for
      Kuehn, P.J.   Distributed Systems.
                          Proc. Nat. Telecomm. Conf. (NTC), New Orleans,La.,
                          Nov. 29-Dec. 3, 1981.

[12] Baskett, F.   Open, Closed and Mixed Networks of Queues with
      et.al.   Different Classes of Customers.
                          J. ACM, Vol. 22, April 1975, S. 248-260.

[13] Chandy, K.M.   Parametric Analysis of Queuing Networks.
      Herzog, U.   IBM J. Res. and Develop., Vol. 19, Jan. 1975,
      Woo, I.   S. 36-42.

[14] Reiser, M.   Mean-Value Analysis of Closed Multichain Queuing
      Lavenberg, S.S.   Networks.
                          J. ACM, Vol. 27, April 1980, S. 313-322.

[15] Kuehn, P.J.   Approximate Analysis of General Queuing Net-
                          works by Decomposition.
                          IEEE Trans. on Communications, Vol. COM-27,
                          1979, S. 113-126.

[16] Kuehn, P.J.   Analysis of Switching System Control Structures
                          by Decomposition.
                          ITC 9, Torremolinos, 1979. Congressbook No.
                          514/1-8.
                          AEÜ Bd. 34, 1980, S. 52-59.

[17] Reiser, M.   A Queuing Network Analysis of Computer Communicat-
                          ion Networks with Window Flow Control.
                          IEEE Trans. on Communications, Vol. COM-27,
                          Aug. 1979, S. 1199-1209.

[18] Tran Gia, P.   Modeling and Analysis of Software Resources in
                          Modular SPC-Switching Systems - Some Aspects of
                          Dimensioning and Overload Control.
                          Proc. 4th Int.Conf. on Software Engineering for
                          Telecommunication Switching Systems.
                          IEEE Conf.Publ. No. 198, S. 172.176.

BEMERKUNGEN ZUR STRUKTUR DIENSTINTEGRIERTER

OPTISCHER BREITBAND - KOMMUNIKATIONSSYSTEME

C. Baack und G. Heydt

Heinrich-Hertz-Institut für Nachrichtentech-

nik Berlin GmbH, Einsteinufer 37, 1000 Berlin 10

Zusammenfassung: Ein im Heinrich-Hertz-Institut (HHI),
Berlin realisiertes, breitbandiges und dienstintegriertes Expe-
rimentalsystem wird erläutert. Die bei diesem System verwendete
Netzstruktur, das Vermittlungsprinzip und die Art der Dienstintegration werden im Hinblick auf ihre Einsetzbarkeit in künftigen Systemen diskutiert. Ausgehend von den dabei gewonnenen Er-
kenntnissen werden Lösungsansätze für im HHI geplante Arbeiten
zur Konzipierung eines dienstintegrierten Informationsübermitt-
lungssystems gezeigt. In diesem System soll Wellenlängen-Multiplex (WDM) zur übertragungstechnischen Trennung der Dienstebereiche verwendet werden.

1   <u>Einleitung</u>

Im vergangenen Jahrzehnt war eine außerordentlich
schnelle Entwicklung der optischen Nachrichtentechnik und der
Mikroelektronik zu verzeichnen. Hierdurch wurde die Möglichkeit
eröffnet, breitbandige, mit optischer Übertragungstechnik arbeitende Informationsübermittlungssysteme zu entwickeln, mit
denen ein Angebot sowohl von Schmalband- als auch von Breitbanddiensten realisiert werden kann.

Die Frage des Einsatzes derartiger dienstintegrierter
Systeme ist derzeit in ein konkretes Stadium getreten. Dies
zeigt der kürzlich von der Deutschen Bundespost der Öffentlich-
keit vorgestellte Systemversuch BIGFON, in dem Inselnetze entwickelt werden sollen, in denen - bei im wesentlichen gleichen
teilnehmerbezogenen Leistungsmerkmalen - die ausführenden Firmen unterschiedliche Lösungswege bei der Realisierung beschrei-
ten können. Als entsprechende Entwicklungen im europäischen Raum
sind das von der Jutland Telephone Company und der Technischen
Universität von Dänemark konzipierte System /1/ und das von
CNET betriebene Projekt der Installierung eines dienstintegrierten Breitbandnetzes in der Stadt Biarritz zu nennen.

Die wichtigsten teilnehmerbezogenen Leistungsmerkmale,

die derartige Systeme aus heutiger Sicht aufweisen sollen, lassen sich wie folgt zusammenfassen:

- Gleichzeitiges Angebot von mindestens zwei bidirektionalen dienstintegrierten Schmalbandkanälen (ISDN-Kanäle), die gleichzeitig dem Dienst Fernsprechen (64 kbit/s), Datendiensten und zur Signalisierung zur Verfügung stehen,

- gleichzeitiges Angebot einer großen Zahl (Größenordnung etwa 30) von Stereo-Tonrundfunkkanälen,

- Implementierung des Dienstes Bildfernsprechen, wobei die Qualität des Bewegtbildes der eines Fernsehbildes derzeit üblicher Qualität entsprechen soll,

- gleichzeitiges Angebot mehrerer Fernseh-Verteilkanäle, über die der Teilnehmer eine Auswahl aus einer sehr großen Zahl von in der Zentrale vorhandenen Fernsehprogrammen treffen kann,

- Verbesserung oder zumindest Beibehaltung der bei bisher vorhandenen Diensten erreichten Dienstgüten, insbesondere der Zuverlässigkeit und der Notstromversorgung beim Dienst Fernsprechen.

Im Heinrich-Hertz-Institut wurde bereits im Jahr 1975 mit der Konzipierung eines breitbandigen, dienstintegrierten Kommunikationssystems zur Demonstration optischer Nachrichtenübertragung begonnen. Dem erarbeiteten Konzept folgend wurde das System in den Folgejahren unter weitgehender Beteiligung mehrerer Firmen der Nachrichtenindustrie entwickelt und Mitte dieses Jahres fertiggestellt. In ihm werden verschiedene Arten der Informationsübermittlung wie digitale und analoge Übertragung, dezentrale und zentrale Vermittlung bei entsprechend unterschiedlichen Netzformen für den Ortsnetzbereich und für den Fernbereich demonstriert.

Im folgenden wird untersucht, inwieweit die im digitalen Bereich dieses Systems verwendeten Prinzipien im Hinblick auf die oben genannten Anforderungen für die Anwendung in einer neuen Generation von Systemen geeignet sind.

2   Im HHI realisiertes Versuchssystem

Fig. 1 zeigt ein Übersichtsbild dieses Systems, das aus einem analogen Breitband-Netz mit zentraler Vermittlung und aus einem digitalen Breitband-Netz mit vorwiegend dezentraler Vermittlung besteht.

<u>Fig. 1:</u>
HHI-Versuchs-
system zur
Breitband-
Kommunikation
mit optischen
Kanälen

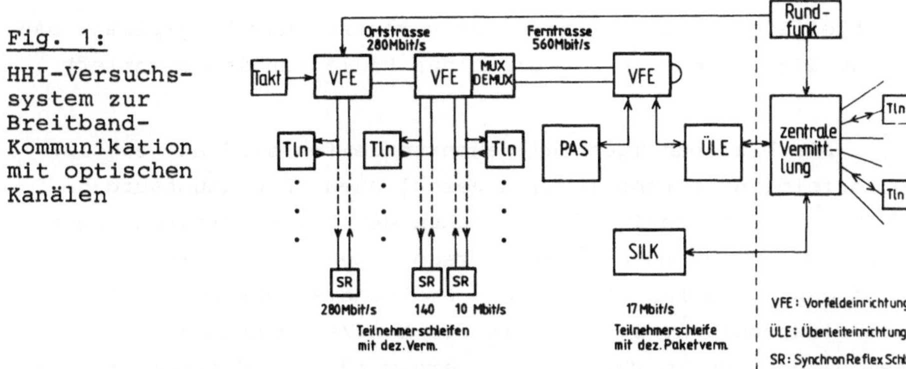

Die zentrale Vermittlungsstelle des sternförmigen analogen Breitband-Netzes enthält eine kommerzielle Nebenstellenanlage für den Fernsprechdienst und ein Video-Koppelfeld für das Bildfernsprechen sowie ein Rundfunk-Koppelfeld zur Verteilung von Stereoton- und Fernsehrundfunk. Die Teilnehmer sind mit der Vermittlungsstelle über analoge optische Übertragungsstrecken verbunden. In die Vermittlungsstelle werden von einem Ballempfänger her die zu verteilenden Rundfunkprogramme eingespeist. Der Informationsaustausch zwischen analogem und digitalem Systemteil wird durch eine Überleiteinrichtung ermöglicht.

Wesentlichstes Merkmal des digitalen Teils des Systems ist die Verwendung von Teilnehmerschleifen, bei denen das noch ausführlich zu diskutierende Prinzip der dezentralen Vermittlung eingesetzt wird. Insgesamt sind drei Teilnehmerschleifen unterschiedlicher Bitrate vorhanden:

- Eine mit 10 Mbit/s arbeitende Teilnehmerschleife bietet ausschließlich Schmalbanddienste (Datendienste, Fernsprechen, Faksimile- und Standbildübertragung) an,

- eine zweite, 140 Mbit/s verwendende Teilnehmerschleife gestattet zusätzlich Bildfernsprechen (ohne Farbe),

- die dritte Teilnehmerschleife arbeitet mit einer Bitrate von
  280 Mbit/s und ermöglicht farbiges Bildfernsprechen und die
  Einbeziehung der Verteildienste.

Die innerhalb der Teilnehmerschleifen angebotenen Dienste sind
von Schleife zu Schleife unter der Voraussetzung kompatibel, daß
der jeweilige Dienst in den einzelnen Schleifen implementiert
ist.

Die breitbandigen Teilnehmerschleifen sind an jeweils
eine Vorfeldeinrichtung (VFE) angeschlossen. Die Hauptaufgabe
der VFE's besteht darin, den zwischen den beiden breitbandigen
Schleifen stattfindenen Bildfernsprechverkehr zu vermitteln und
den von den Schleifen kommenden Schmalbandverkehr in die Ortstrasse einzuspeisen. Die der mit 280 Mbit/s arbeitenden
Schleife zugeordnete VFE sorgt außerdem für die Einspeisung der
digitalisierten Tonrundfunk- und Fernsehsignale. Die an die Teilnehmerschleifen angeschlossenen VFE's sind untereinander durch
eine Ortstrasse verbunden, bei der je Übertragungsrichtung vier,
mit 280 Mbit/s arbeitende optische Übertragungsstrecken verwendet werden. Nach einer Umsetzung der Bitrate auf 560 Mbit/s erfolgt der Übergang auf die Ferntrasse, die aus zwei optischen
Übertragungsstrecken je Übertragungsrichtung besteht. Eine am
Ende der Ferntrasse angeordnete weitere Vorfeldeinrichtung gestattet die Ankopplung der Überleiteinrichtung zum analogen
Breitband-Netz und die Verbindung zu einem Rechnersystem, das umfangreiche Prüf- und Auswertungsaufgaben zur Überwachung der
Funktion des Versuchssystems wahrnimmt.

Der digital arbeitende Teil des Versuchssystems wird von
einem zentralen Taktgenerator ausgehend synchronisiert. Eine in
diesem Bereich des Systems vorhandene, mit 17 Mbit/s arbeitende
Teilnehmerschleife mit dezentraler Paketvermittlung wird in den
nachfolgenden Betrachtungen nicht näher behandelt. In detaillier-
terer Form ist das Gesamtsystem in /2/ beschrieben.

3   <u>Anmerkungen zu den wesentlichen Prinzipien des HHI-
Versuchssystems</u>

3.1   <u>Modellsystem</u>

In den folgenden Abschnitten soll untersucht werden, ob die wesentlichsten der im Versuchssystem verwendeten Prinzipien, nämlich die dezentrale Vermittlung, die Schleifenstruktur und die Dienstintegration im gemeinsamen Zeitmultiplexrahmen geeignet sind, auch in künftigen öffentlichen Breitbandnetzen eingesetzt zu werden. Hierfür kann die Diskussion auf den digitalen Teil des Systems und hierbei im besonderen auf die mit 280 Mbit/s arbeitenden Teilnehmerschleifen beschränkt werden, da die Leistungsmerkmale dieser Schleifen den in Abschnitt 1 genannten Forderungen teilweise durchaus entsprechen.

Zur Vereinfachung wird daher statt des komplexen Versuchssystems ein Modellsystem diskutiert, das im Teilnehmerbereich ausschließlich aus diesen leistungsstärksten Schleifen besteht, wobei jedoch die im Versuchssystem verwendeten Prinzipien unverändert beibehalten werden.

Fig. 2 zeigt ein Übersichtsbild dieses Modellsystems, das neben den Teilnehmerschleifen ihnen jeweils zugeordnete Vorfeldeinrichtungen, verbindende Ortstrassen und ein zentrales Überwachungssystem enthält. Dieses Modellsystem ist durch folgende Hauptmerkmale gekennzeichnet:
- Verwendung von Teilnehmerschleifen, die zahlreiche Teilnehmeranschlußeinrichtungen mit signalregenerierenden Repeatern enthalten,
- dezentrale, in jeder Teilnehmerstation enthaltene Vermittlungsfunktion,
- Übertragung in e i n e m, für Schmalband- und Breitbanddienste gemeinsamen Zeitmultiplexrahmen (TDM-Integration).

Der Informationsfluß findet in folgender Weise statt: Von einer VFE wird der für alle Teilnehmer der zugehörigen Schleife bestimmte Bitstrom dem in der ersten Teilnehmeranschlußeinrichtung enthaltenen optoelektronischen Empfangsrepeater zugesendet. Der Empfangsrepeater gibt den Bitstrom, amplituden-und taktmäßig regeneriert, aber inhaltlich unverändert an die Empfangsrepeater der nächsten Teilnehmerstationen weiter. Über-

tragungstechnisch gesehen handelt es sich hierbei um eine Kette
aus sehr vielen optoelektronischen Repeatern, die sich von den
für Fernübertragungszwecke betrachteten Repeaterketten /3/
hauptsächlich durch relativ geringe Repeaterabstände unterschei-
det.

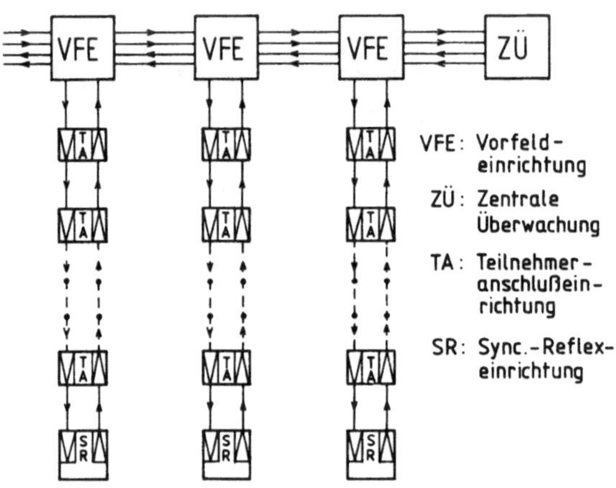

<u>Fig. 2:</u> Modellsystem mit 280 Mbit/s-Teilnehmerschleifen

Die Vermittlungsfunktion wird von jeder Teilnehmeranschlußeinrichtung autonom vorgenommen. Dabei findet eine ständige Überwachung des vom Repeater empfangenen Bitstroms im Hinblick auf
Signalisierungsinformation statt. Damit können die Teilnehmeranschlußeinrichtungen die für sie bestimmten Zeitplätze im Zeitmultiplexrahmen erkennen und - nach Aufbau der Verbindung - die
in diesen Zeitplätzen enthaltenen Daten ihren Endgeräten zufüh-
ren.

Nach Durchlaufen der gesamten Kette von Empfangsrepea-
tern ist die im Bitstrom enthaltene Information irrelevant, da
sie entweder bereits den Teilnehmerstationen der Schleife über-
geben wurde oder gar nicht für Teilnehmer dieser Schleife bestimmt war. Eine am Ende der Schleife angeordnete Synchronisierreflexschaltung extrahiert daher aus dem Bitstrom lediglich Syn-
chronisationsinformationen und sendet einen synchronisationsmä-
ßig organisierten, leere Zeitplätze enthaltenden Bitstrom in
Richtung der Senderepeater, die ebenfalls in den Teilneh-

meranschlußeinrichtungen enthalten sind. Beim Durchlaufen dieser
Kette in Richtung VFE werden von den kommunizierenden Teilnehmeranschlußeinrichtungen besetzte Zeitplätze mit Informationen ge-
füllt, so daß in der VFE die gesamte in der Teilnehmerschleife
gesendete Information ankommt. In der VFE wird diese Information
bei Schmalbanddiensten in den in der Ortstrasse fließenden Bitstrom unter Beibehaltung der Zeitplatzzuordnung eingefügt bzw.
bei Breitbanddiensten vermittelt. Wegen der so entstandenen
Schleifenstruktur des Gesamtsystems müssen in den VFE's oder in
den Synchronisierreflexschaltungen geeignete Maßnahmen zur Verhinderung von zeitlichen Konflikten bei der Aussendung von Zeitmultiplexrahmen getroffen werden.

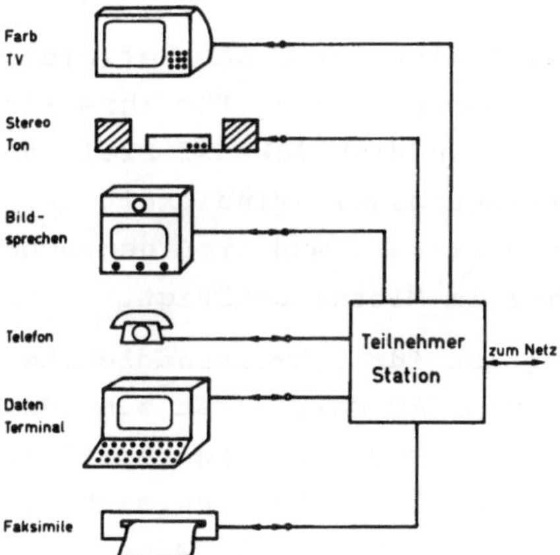

<u>Fig. 3:</u> Teilnehmerstation mit Endgeräten

     Zum Abschluß des Überblicks über das Modellsystem zeigt
Fig. 3 die Endgeräte, die an die in der Teilnehmeranschlußeinrichtung enthaltene Teilnehmerstation angeschlossen werden können.

     Die am Beginn dieses Abschnitts genannten Hauptmerkmale
des Modellsystems können nunmehr im einzelnen diskutiert werden.

3.2 Dezentrale Vermittlung

Die Begriffe "Zentrale Vermittlung" und "Dezentrale Vermittlung" sind im Abschlußbericht der Kommission für den Ausbau des technischen Kommunikationssystems wie folgt definiert /4/:

- Bei der zentralen Vermittlung wird in der Teilnehmerebene jedem Teilnehmer eine eigene Leitung bis zur Ortsvermittlungsstelle oder bis zu einem Konzentrator zur Verfügung gestellt, während

- in dezentral vermittelten Systemen alle Teilnehmer einer Netzgrundeinheit an e i n e n breitbandigen Übertragungspfad angeschlossen sind.

In /4/ wird unmittelbar nach der Definition der Dezentralen Vermittlung eine Voraussetzung für ihre Einsetzbarkeit genannt, die insbesondere im Hinblick auf Breitband-Dienste wesentlich ist: Die Übertragungsgeschwindigkeit des gemeinsamen breitbandigen Übertragungskanals muß groß gegenüber der Bitrate sein, die ein Teilnehmer im Mittel benötigt.

Diese Forderung ist für Schmalbanddienste leicht erfüllbar: mit einer Bitrate von 280 Mbit/s hat z.B. der gemeinsame Übertragungskanal des Modellsystems eine Kapazität von ca. 4000 Fernsprechkanälen. Dies reicht für den Bereich eines größeren Ortsnetzes aus, selbst wenn unterstellt wird, daß die Bitrate je Kanal bei Einführung eines genormten ISDN-Kanals erhöht wird und den Teilnehmern mehr als einer dieser Kanäle zur Verfügung gestellt werden soll.

Es darf jedoch nicht übersehen werden, daß neben den offenbaren Vorteilen der Dezentralen Vermittlung, die in erheblicher Reduzierung der Leitungslängen im Vergleich zum Sternnetz und im weitgehenden Wegfall des Aufwandes für eine Zentrale liegen, auch bei ausreichender Kanalkapazität Nachteile zu verzeichnen sind:

Nach dem Grundgedanken der Dezentralen Vermittlung enthält der jedem Teilnehmer einer Netzgrundeinheit übermittelte

Bitstrom nicht nur die für ihn bestimmten Informationen, sondern den gesamten in der Netzgrundeinheit fließenden Informationsstrom. Es besteht also die Gefahr des unerlaubten Zugriffs auf die für andere Teilnehmer bestimmten Informationen, z.B. im Fall fehlerhafter Funktion der vermittelnden Teilnehmerstation oder durch Manipulation. Diese Gefahr läßt sich durch entsprechenden technischen Aufwand in der Teilnehmerstation und durch zentrale Überwachungsmaßnahmen sicherlich beträchtlich verringern. In jedem Fall muß der hierfür nötige Aufwand bei einer Wertung des Verfahrens berücksichtigt werden.

Ein weiterer prinzipieller Nachteil der Dezentralen Vermittlung wird deutlich, wenn man zum Vergleich die Funktionsweise zentral und digital vermittelnder Systeme im Fernsprechbereich betrachtet, deren Entwicklung in den letzten Jahren zügig vorangetrieben wurde /5/, /6/. Bei diesen Systemen werden die den einzelnen Teilnehmern zugeordneten 64 kbit/s-Kanäle zunächst zu höherratigen PCM-Bündeln zusammengefaßt und dann einer bei relativ hoher Bitrate arbeitenden Koppelanordnung zugeführt. Dabei findet eine Vielfachausnutzung der im Koppelnetz verwendeten Koppelpunkte statt, die umso effektiver ist, je höher der im Koppelnetz verwendete Multiplexfaktor ist. Gleichzeitig können als Rahmen- und als Haltespeicher sehr hoch integrierte Speicherbausteine eingesetzt werden. Bei diesen Systemen ist also der Bereich, in dem hohe Bitraten verwendet werden, räumlich auf die Zentrale und gegebenenfalls auf vorgeschaltete Konzentratoren beschränkt. Eine Notstromversorgung der weitgehend vielfach ausgenutzten und günstig organisierten Elektronik ist problemlos, da sie in der Zentrale konzentriert ist. Im Gegensatz dazu muß bei Systemen mit Dezentraler Vermittlung jede Teilnehmeranschlußeinrichtung in der Lage sein, eine hohe, der Summe der Einzelkanäle entsprechende Bitrate zu verarbeiten. Wegen der notwendigen teilnehmerbezogenen Zuordnung der Elektronik entfällt die Möglichkeit der Mehrfachausnutzung. Es ist daher zu erwarten, daß mit Dezentraler Vermittlung insgesamt ein höherer Aufwand an hochratiger Elektronik verbunden ist und daß die dezentral durchzuführende Notstromversorgung der Teilnehmerstationen größere Probleme mit sich bringt als die Notstromversorgung zentral vermittelnder Systeme.

Die letzteren Ausführungen gelten ausschließlich für die
Vermittlung von Schmalbanddiensten. Betrachtet man die Frage der
Einsetzbarkeit Dezentraler Vermittlung für den Bereich der Breitbanddienste und geht dabei von einer Bitrate von ca. 70 Mbit/s
für einen Bewegtbild-Kanal aus, so ist festzustellen, daß die Bedingung einer hohen Bitrate des gemeinsamen Übertragungskanals
im Verhältnis zu der von einem Teilnehmer im Mittel benötigten
Bitrate im Hinblick auf die heute vorliegenden Anforderungen
und technischen Möglichkeiten nicht erfüllt werden kann. Die zur
Erfüllung der im Abschnitt 1 genannten Forderungen pro Teilnehmer
benötigte Bitrate kann mit ca. 280 Mbit/s angegeben werden. Sie
liegt damit bereits an der Geschwindigkeitsgrenze der schnellsten derzeit verfügbaren IC-Logikfamilie. Es ist leicht nachzu-
vollziehen, daß die Kanalkapazität einer einzigen, mit 280 Mbit/s
arbeitenden gemeinsamen Übertragungsstrecke den Ansprüchen einer
größeren Zahl von Teilnehmern, die das in Abschnitt 1 genannte
Diensteangebot ausnutzen wollen, nicht gerecht werden kann. An
dieser Sachlage wird sich voraussichtlich in Zukunft nichts ändern, da bei Verfügbarkeit schnellerer Elektronik die sich dadurch bietenden Möglichkeiten eher zur Realisierung besserer
Dienstqualität im Sinne eines hochauflösenden Fernsehens (HDTV)
genutzt werden dürften, was zu noch breitbandigeren Einzelkanä-
len führt.

Eine Verwendung von Vorfeldeinrichtungen, die im realisierten Versuchssystem praktiziert wurde und die auch in das Modellsystem aufgenommen wurde, stellt aus heutiger Sicht keine ak-
zeptable Lösung des Problems der unzureichenden Kanalkapazität
dar: im Schmalbandbereich werden die Vorfeldeinrichtungen nicht
benötigt, im Breitbandbereich würden sie zu so kleinen Teilnehmergruppen führen, daß nur noch formal von einem System mit Dezentraler Vermittlung gesprochen werden könnte. So kann - selbst
bei einer so geringen Zahl, wie z.B. zehn Teilnehmer je Schleife -
die Forderung, daß jeder Teilnehmer mehrere Verteilprogramme aus
einer großen Zahl von Bewegtbild-Programmen auswählen können
soll, offensichtlich nicht mehr erfüllt werden, da die Zahl der
von den Teilnehmern insgesamt angeforderten verschiedenen Programme die Kanalkapazität bei weitem überfordern wird. Außerdem

müßte in diesem Fall die hohe Zahl der insgesamt vorhandenen
Verteilprogramme jeder Vorfeldeinrichtung zugeführt werden können.

3.3 Zuverlässigkeit und Verfügbarkeit der Teilnehmerschlei-
     fen

Bei der Diskussion dieses Aspekts empfiehlt es sich
ebenfalls, zunächst die bei zentral vermittelnden digitalen
Systemen für das öffentliche Fernsprechnetz vorliegenden Verhältnisse zu betrachten. Fig. 4 zeigt schematisch die bei derartigen Systemen auftretenden Zuverlässigkeitsstufen:

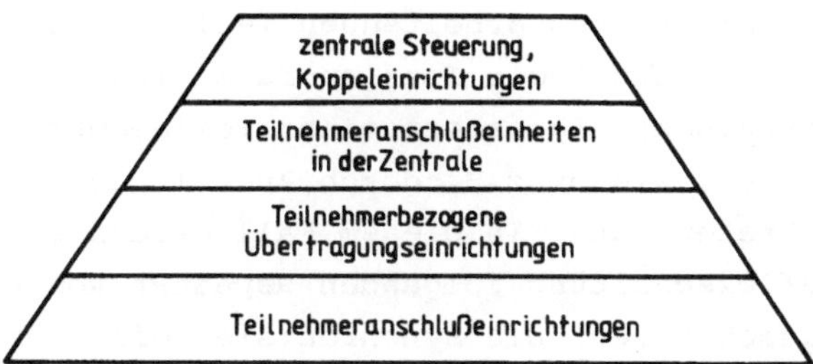

Fig. 4: Zuverlässigkeitsstufen in zentral vermittelnden
        Systemen

Systemteile, deren Ausfall zu einem Totalausfall des Gesamtsystems führen kann, wie die zentrale Steuerung oder die
Koppeleinrichtungen, müssen mit sehr hoher Zuverlässigkeit arbeiten, da für das Gesamtsystem eine akkumulierte Ausfallzeit
von weniger als 2 Stunden in 30 Jahren gefordert wird. Diese
Forderung läßt sich nur durch entsprechenden Aufwand wie dop-
pelter oder dreifacher Ausführung dieser Systemteile, on-line-
Überwachung und hot-stand-by-Betrieb erfüllen. Bemerkenswert
ist, daß trotz dieses notwendigen Mehraufwandes der für Koppelnetz und Steuerung benötigte Aufwand gegenüber dem für periphere
Anschlußgruppen erforderlichen Aufwand recht gering ist /7/.
Für diese peripheren Anschlußgruppen, die jeweils in sich eine
Gruppe von Teilnehmeranschlußeinrichtungen in der Zentrale ver-
einigen, gelten bereits niedrigere Anforderungen an die Zuverlässigkeit; ihr Ersatz kann im Störungsfall innerhalb sehr kur-

zer Zeit erfolgen, da sie sich in der Zentrale befinden. Das
Ausmaß von Störungen der teilnehmerbezogenen Übertragungsein-
richtungen (Kabelbrüche) hängt von der Stärke des jeweils betroffenen Leitungsbündels ab, kann sich also auf einen einzelnen Teilnehmer beschränken oder eine größere Gruppe von Teilnehmern betreffen. Im letzteren Fall wird das Beheben der Störung
mit Priorität zu behandeln sein. Die beim jeweiligen Teilnehmer
vorhandenen Einrichtungen schließlich sind der untersten Zuver-
lässigkeitsstufe zuzuordnen; ihr Ausfall muß meist vom Teilnehmer selbst dem Störungsdienst gemeldet werden, mit längeren Wartezeiten ist im Einzelfall zu rechnen.

Zur Untersuchung der Auswirkungen von Störfällen in den
mit Dezentraler Vermittlung arbeitenden Teilnehmerschleifen des
Modellsystems sei zunächst ein Totalausfall eines empfangssei-
tigen optoelektronischen Repeaters einer Teilnehmeranschlußeinrichtung angenommen, wie er z.B. durch Ausfall der Laserdiode
im Repeater auftreten kann. In diesem Fall werden alle bis zur
Synchronisierreflexschaltung folgenden Repeater von Empfangsin-
formationen abgeschnitten. Die Synchronisierreflexschaltung
selbst erhält keine Synchronisierinformation mehr, so daß die
Sendefaser mit falschem Takt gespeist wird. Um zu vermeiden, daß
sich die unsynchronisierten Sendeinformationen in andere Teilnehmerschleifen fortpflanzen können, kann nur noch in der entsprechenden VFE dafür gesorgt werden, daß bei erkanntem Synchro-
nisationsverlust auf der Sendefaser eine Einspeisung in die Ge-
samtschleife des Systems unterbleibt. Damit muß jedoch für den
angenommenen Fall von einer Fehlfunktion der gesamten, vom Ausfall eines Repeaters betroffenen Teilnehmerschleife gesprochen
werden. Eine ähnliche Betrachtung zeigt, daß beim Ausfall eines
der Sendefaser zugeordneten Repeaters die gesamte Sendefunktion
der betroffenen Teilnehmerschleife zum Erliegen kommt.

Im Gegensatz zu zentral vermittelnden Systemen, bei denen die für die Funktion des Gesamtsystems essentiellen Systemteile in der Zentrale räumlich konzentriert sind, sind also im
behandelten Modellsystem alle Teilnehmerstationen als erhebliche,
räumlich weit verteilte Ausfallrisiken anzusehen. Die räumliche
Verteilung ist dabei in zweierlei Hinsicht bedeutsam: einmal muß

der Service mit längeren Anfahrtswegen und mit gelegentlichen
Zugangsschwierigkeiten rechnen, zum anderen wird durch die Viel-
zahl der Einrichtungen die Wahrscheinlichkeit eines auf externe
Ursachen (Blitzschlag, Feuer) zurückzuführenden Störfalls im
Vergleich zur entsprechenden Gefährdung eines einzelnen Gebäu-
des (Zentrale) stark erhöht.

Die eben erläuterte Zuverlässigkeitsproblematik, die
noch um Probleme der Fehlerakkumulation in den Teilnehmerschleifen erweitert werden kann, hat dazu geführt, andere, vom Ausfallverhalten her günstigere Ausführungen der Teilnehmerschleifen in Betracht zu ziehen. So könnte z.B. statt des Empfangs-
repeaters bei jedem Teilnehmer ein passiver Koppler eingesetzt
werden, durch den ein kleiner Teil der Lichtleistung ausgekop-
pelt und einem optoelektrischen Empfänger zugeführt wird. Damit wird der Informationsfluß auf der Empfangsfaser unabhängig
von der Funktion des Empfangsteils der jeweiligen Teilnehmerstation. Leider entsteht durch die Auskopplung eine Einfügungsdämpfung (Größenordnung 1 dB je Auskopplung), so daß nach einer
bestimmten Zahl von passiven Kopplern (Größenordnung 20) eine
amplituden- und taktmäßige Regeneration des Signals mittels
eines Repeaters notwendig wird. Immerhin könnte bei der Konzipierung dieser Repeaterstation ein erhöhter Aufwand für die Zuverlässigkeit tolerierbar sein, da er sich auf eine größere Anzahl von Teilnehmern verteilt. Schwieriger gestaltet sich die
Anwendung dieses Prinzips für den Bereich der Sendefaser. Auch
hier ist es zunächst notwendig, bei jedem Teilnehmer mittels
eines passiven Kopplers einen kleinen Teil der Lichtenergie der
Sendefaser zu entnehmen und einem optoelektronischen Empfänger
zuzuführen. Die hiermit synchronisierte Teilnehmerstation kann
dann über einen weiteren optischen Richtkoppler die von ihr zu
sendende Information in die Sendefaser einspeisen. Dabei muß
durch geeignete Maßnahmen sichergestellt werden, daß die ein-
gespeisten Lichtsignale amplitudenmäßig mit den übrigen auf der
Sendefaser fließenden Signalen übereinstimmen und daß sie mit
präziser Phasenlage in ihren jeweiligen Zeitschlitz eingefügt
werden. Auf diese Weise wird eine Beeinträchtigung des übrigen
Systems bei Ausfall des Sendeteils einer Teilnehmerstation ver-

mieden; wegen der auftretenden Einfügungsdämpfung ist auch hier
nach einer größeren Zahl von Kopplern der Einsatz eines Repeaters erforderlich.

Eine weitere Verbesserung der Zuverlässigkeit läßt sich
erreichen, wenn man von der Schleifenstruktur auf eine Ringstruktur übergeht. Besonders geeignet sind hier der bidirektionale
Doppelring /8/, offene Ringstrukturen, bei denen im Falle eines
Kabelbruchs die vorher im Ring offene Stelle geschlossen wird,
so daß ein neuer offener Ring entsteht /9/ und Ringsysteme, die
einen oder mehrere Teilnehmer überbrückende Reserveleitungen ver-
wenden /10/. So ist z.B. der bidirektionale Doppelring bei Verwendung aktiver, zwischen die Systemabschnitte geschalteter Teilnehmerstationen unempfindlich gegen den Ausfall e i n e r Teilnehmerstation bzw. gegen e i n e n Kabelbruch, was ein wesentlicher Vorteil gegenüber dem Ausfallverhalten der Schleifenstruktur ist. Bei Einsatz von passiven Kopplern und von optoelektronischen Schaltern mit bei Stromausfall transparentem Zustand
kann der bidirektionale Doppelring unempfindlich gegen den Ausfall beliebig vieler Teilnehmerstationen und gegen einen Kabelbruch gemacht werden /11/.

Trotz der eben erläuterten Möglichkeiten zur Verbesserung der Betriebssicherheit von Netzen mit Teilnehmerschleifen
oder -ringen sollte nicht übersehen werden, daß die bei ihnen
prinzipiell bedingte räumliche Verteilung ausfallkritischer
Systemteile im Vergleich zur Konzentration dieser Teile in einer
Zentrale im Hinblick auf Zuverlässigkeit und Verfügbarkeit Nachteile mit sich bringt. So ist zu erwarten, daß die Ausfallzeiten
durch längere Wegezeiten des Service-Personals erhöht werden,
und selbst bei Einsatz des "passiven" bidirektionalen Doppel-
rings kann eine Fehlfunktion des Gesamtsystems durch mutwillige
oder durch Sabotage verursachte Kabelbrüche, die sich bei der
großen Ausdehnung des Systems relativ leicht und unbeobachtet
durchführen lassen, nicht ausgeschlossen werden.

3.4   Dienstintegration im gemeinsamen Zeitmultiplex-Rahmen

Beim Entwurf eines gemeinsamen Zeitmultiplexrahmens zur
Übertragung der zu verschiedenen Dienstebereichen gehörenden In-

formationen über e i n e n Kanal sind eine Reihe von Gegebenheiten zu beachten. Hierzu gehören:

a) Die genormte Abtastrate und Wortlänge der PCM-Telephonie (8
   kHz, 8 bit/sample).

b) Die für die Fernübertragung beim Fernsprechen genormten Bitraten der PCM-Hierarchie.

c) Die bei der Digitalisierung von HiFi-Tonsignalen vorgesehenen
   Abtastraten und Wortlängen (32 oder 48 kHz, 14-16 bit/sample).

d) Die bei der Digitalisierung von Fernsehbildsignalen als Stu-
   dio-Standard diskutierten Abtastraten (12/4/4 MHz), bei denen
   die ursprünglichen 8 bit/sample durch Einsatz von DPCM auf
   5 bit/sample reduziert werden können, so daß, bei Nutzung der
   horizontalen Austastlücke, eine Datenrate von ca. 70 Mbit/s
   je Bewegtbild-Kanal bei hoher Qualität und geringem Aufwand
   erreichbar ist.

e) Die bei Fernsehsignalen im europäischen Bereich verwendete
   Zeilenfrequenz von 15,625 kHz.

Diese unterschiedlichen Verhältnisse bei der Digitalisierung von Ton- und Bewegtbildsignalen führen zu Schwierigkeiten bei Verwendung eines gemeinsamen Zeitmultiplex-Rahmens: So
wird in den 280 Mbit/s Teilnehmerschleifen und in der Ortstrasse
des Versuchssystems ein Zeitmultiplex-Rahmen verwendet, dessen
Aufbau Fig. 5 zeigt. Dabei besteht der Rahmen aus 4096 Zeitplätzen, seine Wiederholrate ist 2 kHz. Jeder Zeitplatz enthält 34
bit; die resultierende Bitrate ist 278,528 MHz und entspricht damit dem doppelten der bei PCM 1920 genormten Bitrate. Von den
34 bit eines Zeitplatzes wird ein bit zur Synchronisation und
ein weiteres zur Unterscheidung zwischen Daten oder Signalisierungsinformation enthaltenden Zeitplätzen (Inband-Signalisierung)
benötigt. Die verbleibenden 32 bit eines Zeitplatzes fallen in
einem zeitlichen Raster an, das synchron zur Abtastrate von
Fernsprechsignalen und zu einer Abtastrate von 32 kHz für Ton-
rundfunksignale ist und auch die Übertragung digitalisierter
Farbfernsehsignale gestattet. Die Zeitrahmenstruktur stellt jedoch keinen Synchronismus zur Zeilenfrequenz des Fernsehbildes
her /12/ und erlaubt keine äquidistante Übertragung von mit 48

kHz abgetasteten Tonrundfunksignalen.

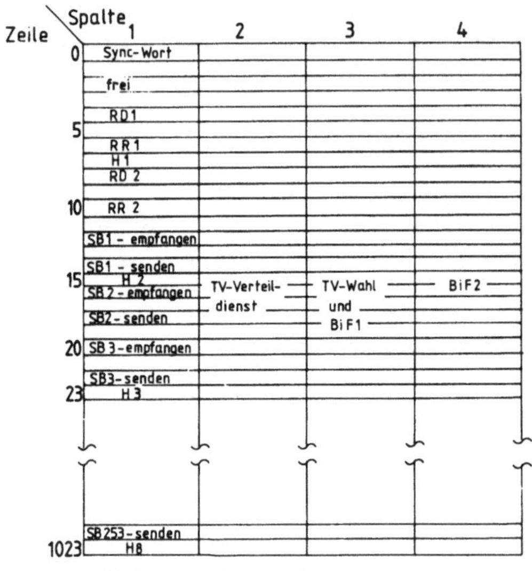

Fig. 5: Zeitmultiplex-rahmen für die 280 Mbit/s-Teilnehmerschleife

Ein vom Electromagnetics Institute der Technischen Universität von Dänemark entworfener Zeitmultiplex-Rahmen /13/ vermeidet die letztgenannte Schwierigkeit dadurch, daß er auf der Teilnehmeranschlußleitung eine Bitrate verwendet, die um den Faktor 33/34 niedriger als die zur PCM-Norm passende Bitrate von 278,528 MHz ist. Diese niedrigere Bitrate erlaubt die zeitlich äquidistante Übertragung bei Abtastraten von 48 kHz und kann in der Zentrale mit relativ geringem Aufwand auf 278,528 MHz umgesetzt werden. Eine zeilensynchrone Übertragung von Fernsehbildern ist auch bei diesem Zeitrahmen nicht gegeben. Er zeichnet sich jedoch durch relativ geringen teilnehmerbezogenen Aufwand für das Multi-/Demultiplexen aus, was bei hochratigen Systemen ein wesentlicher Vorteil ist.

Die genannten Schwierigkeiten führen bereits zu der Frage, inwieweit die übertragungsmäßige Dienstintegration durch Verwendung eines gemeinsamen Zeitmultiplex-Rahmens angesichts der inzwischen konkret gewordenen Möglichkeiten der Mehrfachaus-

nutzung von Glasfasern durch Wellenlängen-Multiplex (WDM) noch
als zweckmäßige Lösung angesehen werden kann. So werden bei
einem künftigen hochratigen Inselnetz bei weitem nicht alle
Teilnehmer Breitbanddienste wie das Bildfernsprechen oder die
Rundfunkverteildienste beanspruchen wollen. Die Teilnehmer, die
nur den Fernsprechdienst oder Datendienste im Sinne eines ISDN-
Kanals nutzen, benötigen ausschließlich eine niedrige Bitrate,
die ihrerseits die Anwendung hoch integrierter Elektronik geringer Leistungsaufnahme gestattet. Es dürfte daher zweckmäßig
sein, diese Dienste, auf die sich auch die Forderung nach Notstromversorgung beschränkt, in niederratiger Technik zu imple-
mentieren. Die Teilnehmer, die zusätzlich Breitbanddienste an-
wenden wollen, können diese über die gleiche Glasfaser auf einer
anderen Wellenlänge angeboten bekommen. Die Aufwandsbilanz im
Vergleich zum System mit gemeinsamem Zeitmultiplex-Rahmen zeigt,
daß bei den ausschließlich Schmalband-Dienste nutzenden Teilnehmern der Aufwand an Elektronik erheblich geringer ist, während
bei Teilnehmern mit Breitband-Option der Mehraufwand für WDM
durch geringeren elektronischen Aufwand wegen der einfacheren
Rahmenstrukturen ausgeglichen werden dürfte. Entscheidender Vorteil aber ist der wesentlich geringere Leistungsbedarf für die
notstromversorgungspflichtigen Dienste.

Eine weitere Frage ist, ob auf längere Sicht und bei
Beibehaltung der Tendenz, Bildfernsprech-Bewegtbilder durchgehend mit ca. 70 Mbit/s übertragen und vermitteln zu wollen, die
Forderung nach Verwendung der aus der Fernsprech-PCM-Hierarchie
stammenden und zur Zeilenfrequenz des Fernsehens nicht kompa-
tiblen Bitraten sinnvoll bleibt. Da ein Bewegtbild-Kanal die
Kapazität von über tausend Fernsprechkanälen hat, wird bereits
bei einer relativen BiF-Teilnehmerzahl von einigen Prozent die
Zahl der für Bewegtbilddienste benötigten Breitbandkanäle die
der ebenfalls hochratigen PCM-Fernsprechbündel bei weitem über-
treffen. Die Tendenz zu einer breitbandspezifischen, die Fern-
sehnorm und den teilnehmerbezogenen Aufwand berücksichtigenden
Bitrate ist daher vorherzusehen.

3.5 Schlußfolgerungen

Die in den vorangegangenen Abschnitten angestellten Betrachtungen zeigen, daß einerseits durch die Realisierung des
Versuchssystems die hochratige optische Übertragungstechnik
durch die Entwicklung zahlreicher, bei 280 bzw. bei 560 Mbit/s
arbeitender Übertragungsstrecken wesentlich vorangebracht wurde.
Die hierbei insbesondere im Bereich der Industrie gewonnenen Erfahrungen können nun unmittelbar bei der Entwicklung jetzt aktueller Systeme, wie z.B. für den BIGFON-Systemversuch genutzt
werden. Andererseits wurde deutlich, daß drei wesentliche, im
Versuchssystem realisierte Prinzipien, nämlich die Dezentrale
Vermittlung, die Schleifenstruktur und die Dienstintegration
mittels gemeinsamen Zeitmultiplex-Rahmens, für räumlich ausgedehnte Netze mit großer Teilnehmerzahl nicht oder nur mit Einschränkungen verwendbar sind. Für den Bereich öffentlicher
dienstintegrierter Netze werden daher zentral vermittelnde
Systeme mit Sternstruktur inzwischen bevorzugt, wobei für den
Bereich der Teilnehmeranschlußleitung die durch Wellenlängen-
Multiplex eröffneten Möglichkeiten zunehmend bedeutsam werden.

Diese Aussagen gelten nicht zwangsläufig auch für Inhouse-Systeme, da diese nur eine geringe räumliche Ausdehnung
haben und im Regelfall erheblich weniger Teilnehmer als im öffentlichen Netz versorgen müssen. Bei diesen Systemen spielen
außerdem die Rundfunk-Verteildienste eine weniger wichtige Rolle, die Anwendung von Verfahren, die von externen Normen abweichen, ist bei ihnen durchaus zulässig.

Aus diesen Gründen konzentrieren sich die im Heinrich-
Hertz-Institut in unmittelbarem Zusammenhang mit dem realisierten Versuchssystem geplanten Arbeiten auf zwei Aspekte:

- Erstens soll eine intensive Untersuchung des Betriebsverhaltens des Versuchssystems durchgeführt werden, das wegen der
  Vielzahl der in ihm eingesetzten hochratigen Komponenten und
  besonderen Verfahren eine hervorrangende Gelegenheit zur experimentellen Beantwortung spezieller nachrichtentechnischer
  Fragestellungen, wie z.B. zur Frage der Jitterakkumulation bei
  hochratiger optischer Nachrichtenübertragung, zum Verfahren

der Inband-Signalisierung oder zur Fernprüfung von Komponenten
durch einen zentralen Prozessor bietet.

- Zweitens soll untersucht werden, ob die Dezentrale Vermittlung
für den Bereich der Inhouse-Kommunikation im Vergleich zur
zentralen Vermittlung eine tragfähige Alternative darstellt.

4   <u>Zur Struktur künftiger Systeme</u>

Bei einer Umstellung des öffentlichen Fernmeldenetzes
von Kupferleitungen auf Glasfasern ist der Aspekt der Zukunfts-
sicherheit des Glasfasernetzes von besonderem Gewicht. Für die
derzeit zu entwickelnden, unmittelbar anwendungsbezogenen Systeme besteht jedoch insofern eine Beschränkung, als von der Verfügbarkeit der einzusetzenden Technologie ausgegangen werden
muß. Hierdurch werden diese Systeme zur Zeit auf den Einsatz
von Gradientenfasern wegen der hierfür verfügbaren Spleißtechnik
und auf Übertragungsraten bis zu 280 Mbit/s wegen der Geschwindigkeitsgrenzen bei integrierten Halbleiter-Bauteilen im Bereich
der Teilnehmerebene festgelegt. Im Gegensatz hierzu unterliegen
Forschungsarbeiten derartigen Einschränkungen in viel geringe-
rem Maße; für ihre Durchführung reicht meist eine labormäßige
oder auch nur eine absehbare Verfügbarkeit der jeweiligen Technologie aus, um Aussagen über künftige Entwicklungs- oder Ein-
satzmöglichkeiten abzuleiten. Im Heinrich-Hertz-Institut sollen
daher Möglichkeiten zur Entwicklung künftiger Systeme untersucht werden, bei denen die eben genannten Beschränkungen nicht
gelten, in denen also Monomodefasern eingesetzt werden können
und die mit Bitraten im Gbit/s-Bereich auf der Teilnehmeranschlußleitung arbeiten.

Der Einsatz von Monomodefasern bietet den Vorteil, daß
das Leitungsnetz zukunftssicherer wird, da Monomodefasern eine
erheblich größere Übertragungsbandbreite bieten. Monomodefasern
sind Gradientenfasern außerdem bei hohen Bitraten deutlich im
Rauschverhalten (modal noise) überlegen. Nachteilig ist, daß bei
Monomodefasern die Steckverbindungen wegen des geringen Kern-
durchmessers mit höherer Präzision hergestellt werden müssen.

Bitraten über 280 Mbit/s auf der Teilnehmeranschlußleitung werden benötigt, wenn z.B. Bewegtbilder hoher Auflösung

(High Definition Television, HDTV) übertragen werden sollen. Da
bei der Festlegung der jetzt gültigen Fernsehnormen von den da-
maligen technischen Möglichkeiten ausgegangen werden mußte, haben entsprechende Fernsehbilder gewisse Qualitätsmängel wie mä-
ßige Detailauflösung, Flimmereffekte oder Crosscolour-Störungen,
deren Beseitigung oder Verminderung das Ziel der Entwicklung von
HDTV-Verfahren ist. Hieran wird vielerorts, u.a. auch im Heinrich-Hertz-Institut gearbeitet. So wird der Einsatz hochauflö-
sender Video-Verfahren auch für die Produktion von Filmen zur
Kosteneinsparung beim Filmmaterial, beim Entwickeln und beim
Schneiden geplant /14/, so daß die Übermittlung hochaufgelöster
Bewegtbilder nicht nur für Verteildienste von Interesse ist. Bei
Einsatz von Redundanzminderung angemessenen Aufwandes kann die
Übertragung eines Bewegtbildsignals hoher Auflösung mit einer
Bitrate von 280 Mbit/s erfolgen. Ein System, das die in Abschnitt
1 genannten teilnehmerbezogenen Leistungsmerkmale unter der zu-
sätzlichen Bedingung erfüllt, daß das Bewegtbild-Angebot auch
HDTV-fähig ist, benötigt daher auf der Teilnehmeranschlußleitung
in Richtung zum Teilnehmer hin eine Bitrate von ca. 1 Gbit/s.

Ausschlaggebend für die Einführbarkeit derartiger Systeme ist die Frage, ob es gelingt, den teilnehmerbezogenen Aufwand
letztlich in angemessenen Grenzen zu halten. Es ist abzusehen,
daß dies im Bereich der Schmalbanddienste erreichbar sein wird,
da wegen der niedrigen Bitraten und wegen der zu erwartenden hohen Stückzahlen die Realisierung hochintegrierter Schaltungen
möglich ist, die einen geringen Leistungsbedarf haben und kostengünstige Lösungen erlauben. Problematischer ist die Situation
bei den Bewegtbilddiensten. Die Aussage "Jedes Bit kostet Geld"
ist zwar inzwischen eher qualitativ als quantitativ aufzufassen;
der Unterschied von etwa drei Größenordnungen in der Bitrate von
ISDN-Kanälen und von Kanälen zur Übertragung von Bewegtbild-Sig-
nalen mit Farbfernseh-Qualität hat jedoch erhebliche Konsequen-
zen hinsichtlich des benötigten Aufwandes. Dies betrifft weniger
den Bereich der optischen Übertragungstechnik, bei dem ein ver-
hältnismäßig geringer elektronischer Aufwand auftritt und bei
dem die benötigten optischen Komponenten im Fall der Massenpro-
duktion kostengünstig hergestellt werden können. Der wesentliche
elektronische Aufwand entfällt vielmehr auf das Multi- und Demul-

tiplexen in den Anschlußeinrichtungen in der Zentrale und beim
Teilnehmer, auf die Verteil-Koppelanordnungen und, hierbei nur
noch teilweise teilnehmerbezogen, auf die Einrichtungen zur Vermittlung des Bildfernsprechens.

Der Multiplex-Aufwand in den Anschlußeinrichtungen hängt
in starkem Maße von der Frage ab, ob sämtliche Dienste in einem
gemeinsamen Zeitmultiplex-Rahmen übertragen werden oder ob zwei
oder mehr Übertragungskanäle, sei es über mehrere Glasfasern
oder mittels WDM-Technik, für verschiedene Dienstebereiche zur
Verfügung stehen, so daß Zeitmultiplex-Rahmen einfacher Struktur
verwendet werden können. Die Ermittlung einer aufwandsgünstigen
Übertragungsstruktur ist daher eine wesentliche Aufgabe beim Entwurf künftiger Systeme.

Der teilnehmerbezogene Aufwand für die Bewegtbild-Ver-
teildienste ist insbesondere dann erheblich, wenn das System
HDTV-fähig sein soll. In diesem Fall müssen dem Benutzer entsprechend seiner Wahl mehrere HDTV-Kanäle oder auch eine Kombination
von HDTV- und üblichen TV-Kanälen zur Verfügung gestellt werden,
die er aus einer großen Zahl von in der Zentrale vorhandenen Programmen auswählen kann. So können zum Beispiel bei Verwendung
einer Bitrate von 1.12 Gbit/s auf der zum Teilnehmer führenden
Übertragungsstrecke 12 Kanäle je 70 Mbit/s den Verteildiensten
gewidmet werden, die entweder 3 HDTV-Kanäle je 280 Mbit/s oder
2 HDTV- und 4 TV-Kanäle oder 1 HDTV-Kanal und 8 TV-Kanäle bilden
können.

Um den Aufwand für ein derartiges, die in Abschnitt 1
genannten Anforderungen erheblich übersteigendes Angebot in angemessenen Grenzen zu halten und gleichzeitig die modulare Erweiterbarkeit des Verteilbereichs hinsichtlich Teilnehmerzahl
und Programmangebot sicherzustellen, kann z.B. wie folgt verfahren werden:

- Feste Zuordnung von 8 Kanälen zu einem Grundangebot von Verteildiensten (8 TV-Kanäle oder 4 TV-Kanäle und 1 HDTV-Kanal),

- vom Teilnehmer bestimmbare Zuordnung der restlichen 4 Kanäle
  (4 TV-Kanäle oder 1 HDTV-Kanal) zu beliebigen Programmen des
  in der Zentrale vorliegenden Angebots über ein Verteil-Koppel-

feld,

- Aufteilung des Verteilkoppelfeldes in Module von der physikalischen Größe einer Steckkarte, die jeweils eine Teilnehmer-
  gruppe versorgen und, bei paralleler Anwendung (OR-Funktion),
  eine gruppenweise Erweiterung auf zusätzliche Programme ge-
  statten.

Bei den Verteildiensten kann, ein attraktives Programmangebot vorausgesetzt, damit gerechnet werden, daß sich sukzes-
sive ein relativ hoher Anteil von Teilnehmern für die Option
Breitbandverteildienst entscheidet. Im Gegensatz dazu wird der
Anteil der BiF-Teilnehmer voraussichtlich niedriger liegen. Während beim Entwurf des Verteilkoppelfeldes davon ausgegangen werden muß, daß die einzelne Anforderung "Dauergesprächscharakter"
hat und die Anforderungen nicht statistisch verteilt sind, sondern durch die zeitliche und inhaltliche Struktur der Programme
bestimmt werden, können beim Entwurf der Vermittlungseinrichtungen für den BiF-Verkehr weitgehend die verkehrstheoretischen An-
nahmen und die Strukturen verwendet werden, die im Bereich der
Fernsprechvermittlung üblich sind. So kann der BiF-Verkehr in
Teilnehmerwahlstufen konzentriert bzw. expandiert und in einer
Richtungswahlstufe vermittelt werden, wobei diese Stufen ihrerseits wiederum als mehrstufige Linksysteme aufgebaut sein werden.

Die im Breitbandbereich vorliegenden hohen Bitraten
(70 Mbit/s je Kanal) schränken die durch den Einsatz der Zeit-
multiplex-Technik beim Vermitteln entstehenden Aufwandsreduzie-
rungen erheblich ein, da wegen der Geschwindigkeitsgrenzen elektronischer Bauelemente nur niedrige Multiplexfaktoren erreichbar sind. So liegt bei Verwendung der derzeit schnellsten IC-Fa-
milie der erzielbare Multiplexfaktor nur bei 4 und selbst bei
Einsatz schnellster diskreter Bauelemente dürfte bestenfalls
eine Arbeitsrate von 2.24 Gbit/s im Koppelpunkt entsprechend
einem Multiplexfaktor von 32 zu realisieren sein. Dies entspricht lediglich dem Multiplexfaktor der niedrigsten Stufe der
PCM-Hierarchie (PCM 30). Hinzu kommt, daß sich die Auswirkungen
von Laufzeit- und Bauteiletoleranzen mit zunehmender Bitrate immer stärker bemerkbar machen, so daß dem Problem der zeitlichen
Regeneration innerhalb der Koppelfelder besondere Aufmerksamkeit

gewidmet werden muß. Die Frage der Auswahl einer aufwandsgünstigen Technologie und des mit ihr verbundenen Multiplexfaktors ist daher ebenfalls ein wichtiger Gesichtspunkt beim Systementwurf.

5   Schlußbemerkungen

Der heute vorhandene bzw. absehbare Stand von Optoelektronik und Halbleitertechnologie erlaubt den Entwurf von breitbandigen, dienstintegrierten Informationsübermittlungssystemen, die im Breitbandbereich eine so hohe Kanalkapazität haben, daß auch bei einer Einführung von Diensten mit hochaufgelösten Bewegtbildern (HDTV) noch eine hinreichend große Zahl von Kanälen dem Teilnehmer zur Verfügung gestellt werden kann. Derartige Systeme werden jedoch nur dann mit angemessenem Aufwand zu realisieren sein, wenn bei den Aufwandsanalysen Vermittlungs-, Übertragungs- und Teilnehmeranschlußeinrichtungen im Zusammenhang betrachtet werden.

Die Entwicklung des erläuterten Versuchssystems wurde vom Bundesministerium für Forschung und Technologie gefördert. Die Autoren sind allein verantwortlich für den Inhalt dieser Arbeit.

6   Literaturhinweise

/1/ Andersen, E.F., Mogensen,G.   Optical Digital Broadband Net-
     und Nielsen, P.T.   works of Three Generations,
                                    Proc. 2nd Int. Telecommunica-
                                    tion Transmission Conference,81

/2/ Matt, H.J. und Fußgänger,K.   Integrated Broad-Band Communica-
                                    tion Using Optical Networks
                                    - Results of an Experimental
                                    Study, IEEE Trans. Commun.,
                                    vol. Com-29, 6, 868-885, 1981

/3/ Shimamura, T. und Eguchi, I.   An Analysis of Jitter Accumula-
                                    tion in a Chain of PLL Timing
                                    Recovery Circuits, IEEE Trans.
                                    Commun., vol. Com-25, 9, 1027
                                    - 1032, 1977

/4/ KtK   Breitbandkommunikation. Anlage-
                                    band 6 zum Telekommunikations-
                                    bericht, 107, Verlag Dr.H.Heger
                                    Bonn, 1976

/5/   Besier, H., Heuer, P. und Kettler, G.   Vorstudie Digitale Vermittlungen, Mitteilungen aus dem Forschungsinstitut der DBP beim FTZ Darmstadt, Nr. 1, Darmstadt, 1978

/6/   Besier, H., Heuer, P. und Kettler, G.   Systemübersicht bekannter digitaler Vermittlungen, Mitteilungen aus dem Forschungsinstitut der DBP beim FTZ Darmstadt, Nr. 2, Darmstadt, 1979

/7/   Botsch, D.   Das System EWSD, telcom report 4, Beiheft Digitalvermittlungssystem EWSD, 7 - 12, 1981

/8/   Weber, J.   Anlage für ein Zeitmultiplex-Nachrichtensystem mit einem Leitungsnetz in Ringstruktur, DBP 28 20 428, 1981

/9/   Ito, K. u.a.   Bidirectional Fibre Optic Loop-Structured Network, Electron. Lett., vol. 17, 2, 84-85, 1981

/10/   Firma Hasler   SILK, System für Integrierte Lokale Kommunikation, Bern, 1980

/11/   Baack, C. und Heydt, G.   Untersuchungen zur Inhouse-Kommunikation mit Lichtwellenleitern, Interner Bericht, Heinrich-Hertz-Institut, Berlin, 1980

/12/   Matt, H.J.   Eine Zeitplatzorganisation für ein digitales Breitband-Nachrichten-Netz, NTZ, Bd. 30, 10, 799, 1977

/13/   Andersen, E.F.   A 280 Mb/s centralized switching communication system, Progress Report IR 218, Electromagnetics Institute, Techn. Univ. Dänemark, Lyngby, 1980

/14/   Im Kino läuft ein Video-Film, VDI-Nachrichten, Nr. 35, 5, 1981